KB274905

프라도 미술관 여행

김지선 지음

일러두기

- 외래어 표기는 국립국어원의 외래어 표기법 규정에 따랐으나, 일반적으로 굳어진 용례의 경우 통용되는 표기를 따랐다.
- 미술 작품의 제목은 〈 〉, 책과 잡지 등 단행본 도서의 제목은 《 》로 표기했다.
- 작품명의 원어 표기는 작품이 소장되어 있는 미술관 박물관의 표기 방식에 따랐다.
- 작품의 소개는 작품이 제작된 연대별 순서대로 배치했다.
- 작품 크기는 평면 작품은 높이×너비의 순서로, 입체 작품은 높이×너비×깊이의 순서로 표기했다.
- 각 작품들은 미술관 박물관의 사정에 따라 위치가 바뀔 수 있으며, 입장료는 전시 종류와 물가 인상에 따라 변동될 수 있다. 개관 시간과 휴관일 역시 미술관 박물관의 사정에 따라 변동될 수 있으므로, 방문 전에 반드시 해당 홈페이지에서 상세 정보를 확인하는 것이 좋다.
- 작품 정보는 작품명, 작가명, 제작 연도, 종류, 크기, 소장처별로 정리했다.

유럽 문화 예술 산책 1

프라도 미술관 여행

김지선 지음

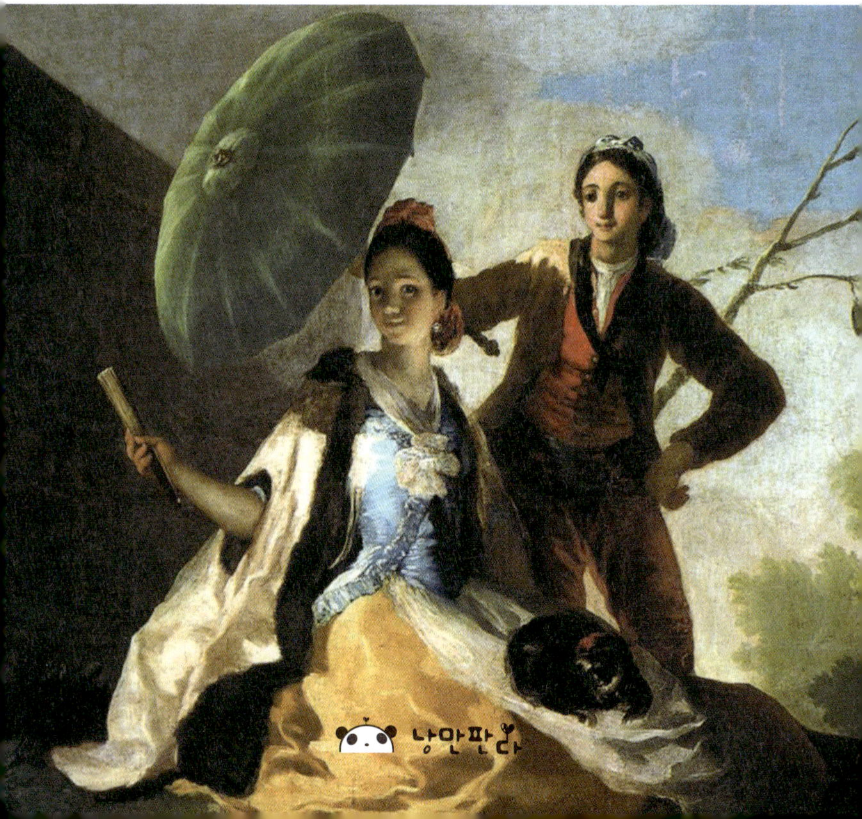

낭만판다

2013년 가을, 유럽을 여행하면서 꼭 보아야 할 대표 미술관과 박물관을 소개하고, 각 미술관 박물관에 소장된 작품들을 설명한《유럽 미술관 박물관 여행》을 출간했다.

오랜 시간 준비해 유럽으로 떠나는 여행자들이 조금이라도 유럽을 더 잘 알 수 있었으면 하는 마음에서 유럽의 대표적인 미술관 박물관을 한꺼번에 소개하다 보니 분량이 많아졌다.

그렇지만 더 많은 작품을 소개하지 못해 아쉬웠고, 많은 작품을 한꺼번에 소개하다 보니 대표적인 몇 작품을 제외하고는 작품 대부분 크기를 줄여 작은 이미지로 실을 수밖에 없어 안타까웠다.

오랜 기간 집필에 노력했던 만큼, 지면의 한계가 못내 아쉬워 이를 좀 더 보완하고 싶은 마음이 생겼다. 그런데 때마침 출판사에서도 필자와 같은 생각을 하고 있었다. 그리고 함께 고심한 끝에, 유럽의 대표 미술관과 박물관을 각각 한 권의 책으로 자세하게 담아 내기로 했다.

우선, 유럽 여행자들이 가장 선호하는 대표 미술관 박물관 6 곳을 선정해 〈유럽 문화 예술 산책〉 시리즈로 구성했다. 그리고 각 미술관 박물관의 작품을 추가하고 설명 또한 더 자세하게 풀어 냈다. 화가 소개도 추가하여 작품을 더 잘 이해할 수 있도록 하였다.

《유럽 미술관 박물관 여행》이 유럽 여행을 떠나기 전, 또는 미술관 박물관을 찾아가기 전에 미리 읽고 가기 좋은 책이었다면, 이 책은 작은 크기와 가벼운 무게로, 미술관이나 박물관의 해당 작품 앞에서 작품의 이해를 도와주는 더욱 실용적인 책이 될 것이다.

전자책으로도 제작될 예정인 이 책이 유럽의 미술관 박물관을 여행하는 사람들에게 좋은 길잡이가 되길 바란다.

- 김지선

목 차

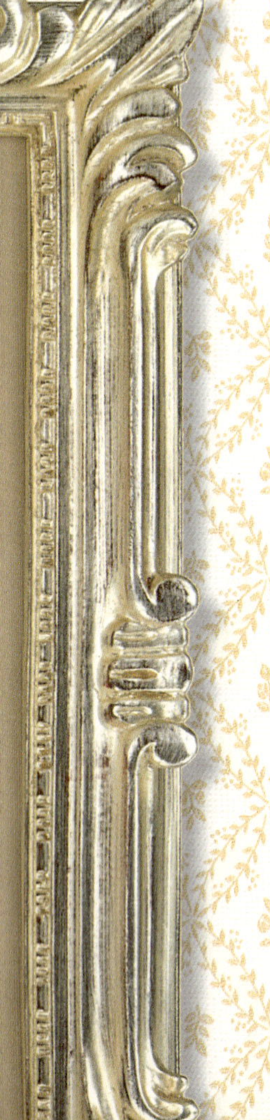

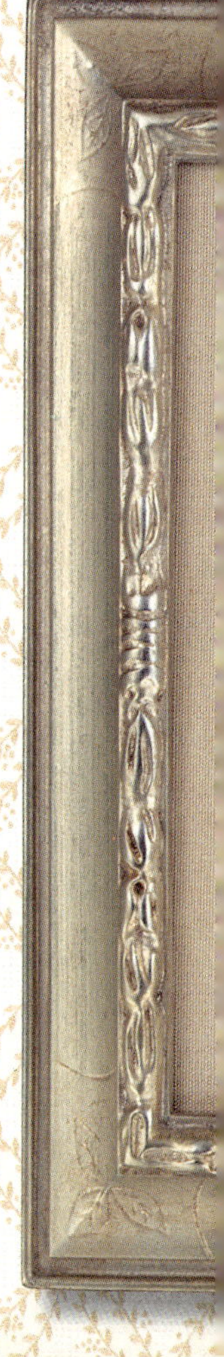

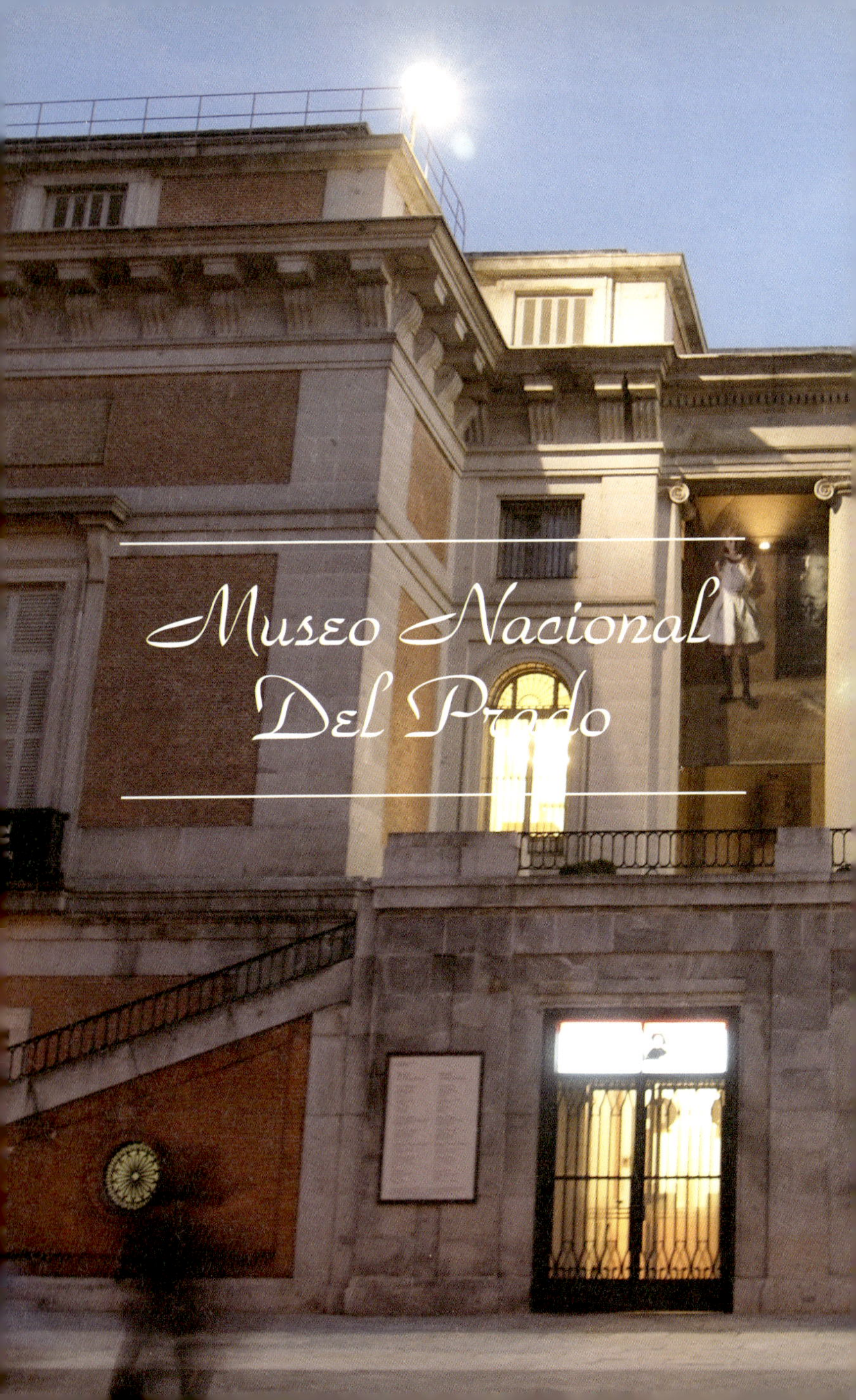

Museo Nacional
Del Prado

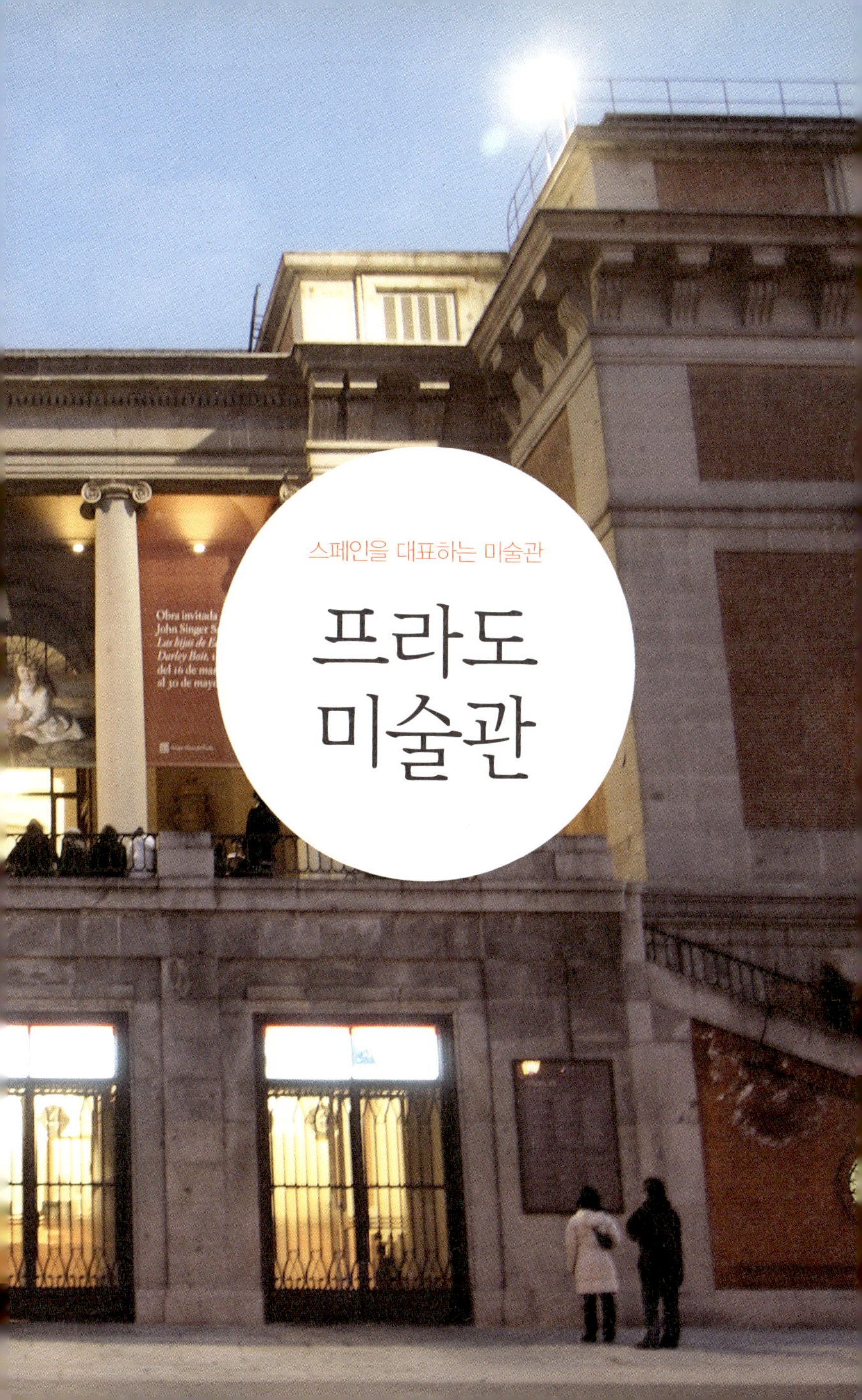
스페인을 대표하는 미술관

프라도
미술관

프라도 미술관

Museo Nacional del Prado

1819년 왕실 소유의 전시관으로 문을 연 프라도 미술관은, 처음에는 페르디난도 7세 왕이 소장한 막대한 미술 수집품을 전시하기 위한 공간으로 사용되었다. 이후 1868년 국가 소유의 미술관이 되면서 정식으로 프라도 국립 미술관이라는 이름이 붙여졌다.

국립 미술관이 된 후 프라도 미술관에는 종교화를 비롯한 많은 컬렉션들이 추가되어, 현재는 유럽 미술 작품을 전시하는 세계 3대 미술관 중 하나로 손꼽힌다.

프라도 미술관은 스페인에서 단연 최고의 관람객 숫자를 자랑하는 곳으로, 스페인 여행 중 박물관이나 미술관은 단 한 곳만 들를 예정이라면 주저할 것 없이 프라도 미술관을 추천한다.

프라도 미술관은 약 7,800점의 회화 작품을 소장하고 있으며, 그중 1,300여 점이 전시되고 있다. 전시 작품으로는 벨라스케스, 고야, 무리요, 엘 그리코와 같이 스페인을 대표하는 화가들의 작품이 많으며, 12~19세기의 회화 작품들이 주를 이룬다.

2007년에는 건물의 윙을 증축하여 더욱 많은 작품을 전시할 수 있게 되었고, 관람객들은 더 많은 시간을 프라도 미술관에서 보내게 되었다. 워낙 많은 작품이 전시되어 있는 만큼, 여유를 가지고 천천히 돌아볼 것을 추천한다.

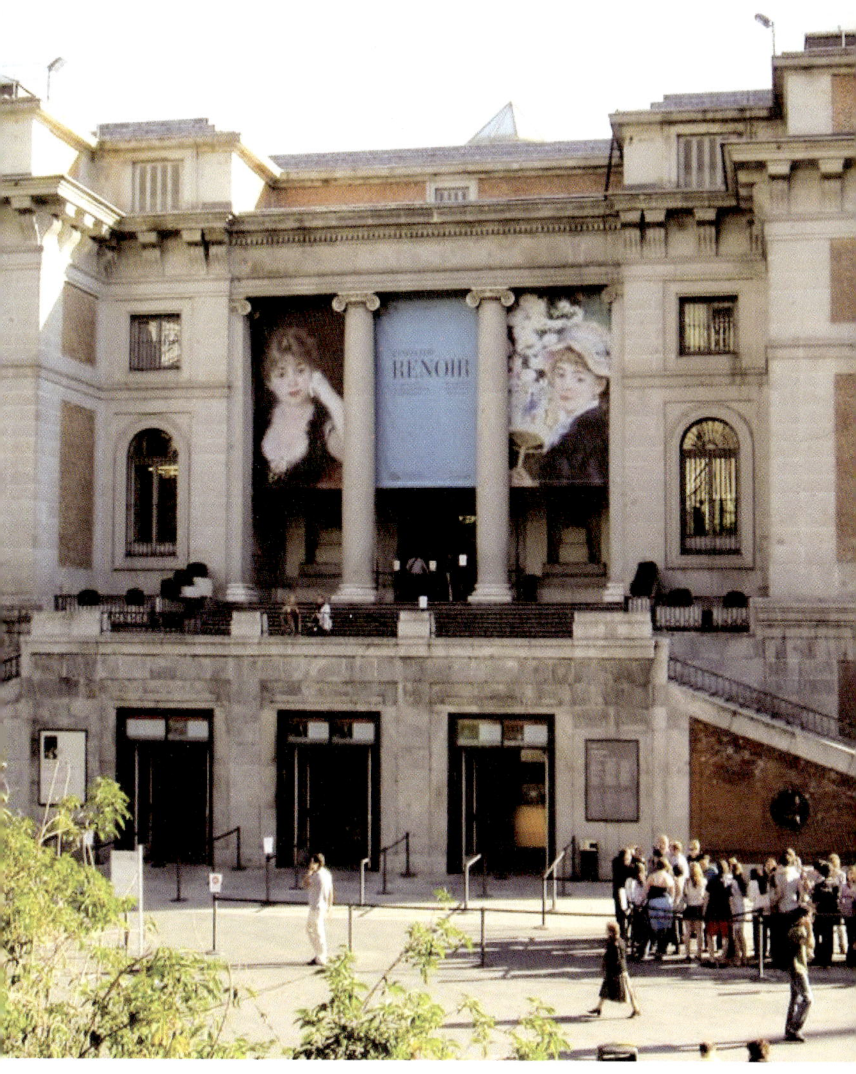

RENOIR

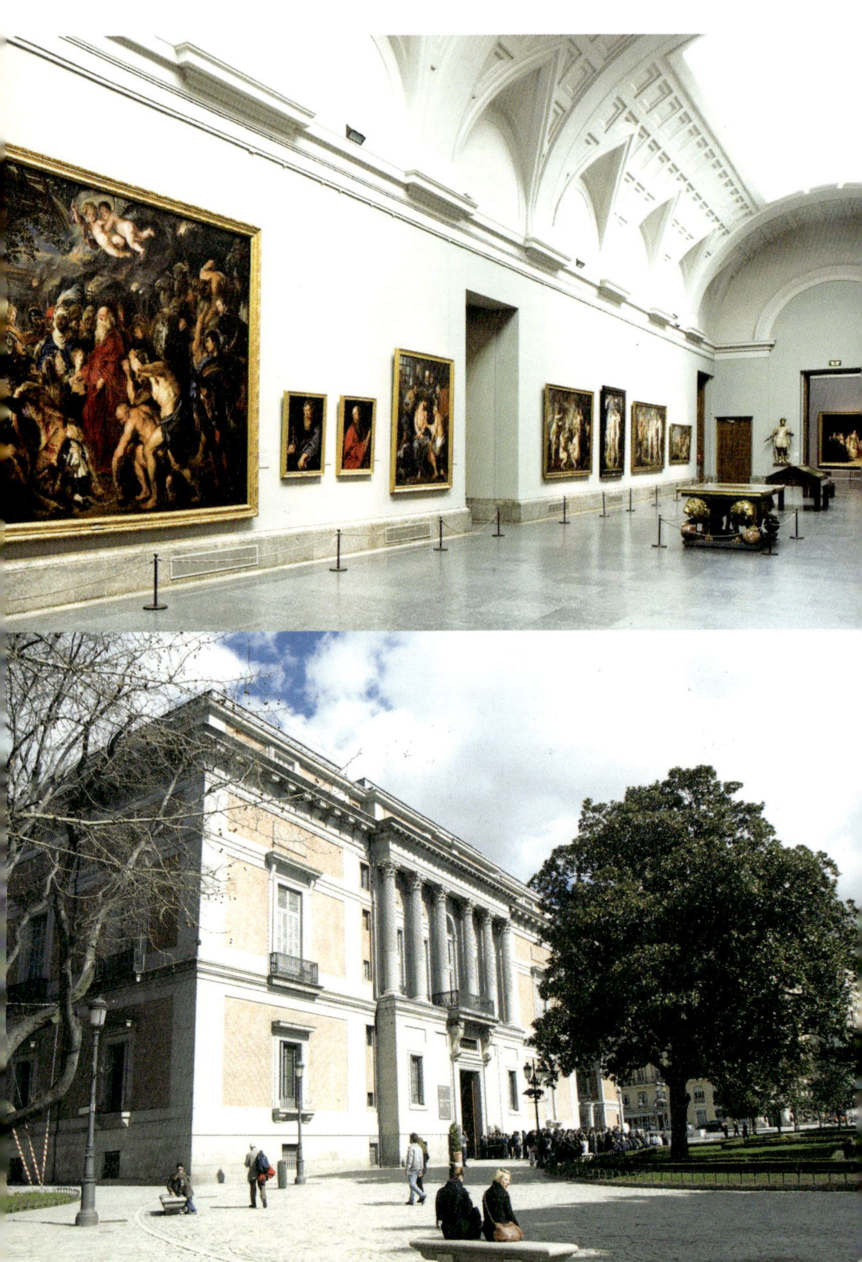

프라도 미술관은 지하 1층부터 3층까지 총 4층으로 이루어져 있는데, 대부분의 주요 작품은 1층과 2층에서 만날 수 있다.

1층에서는 보스, 브뤼헐, 뒤러 그리고 고야의 걸작들을 만나게 된다. 그리고 2층에서는 프라도 미술관의 하이라이트라고 할 수 있는 벨라스케스의 작품과 티치아노, 카라바조 등의 이탈리아 회화를 비롯해 무리요, 루벤스, 반 다이크의 작품도 만날 수 있다.

미술관 앞뜰에는 스페인이 낳은 위대한 화가, 고야의 동상이 서 있는데, 동상의 하단에는 고야의 대표작인 〈벌거벗은 마야〉가 조각되어 있다. 프라도 미술관에서는 약 120점의 고야의 작품을 만날 수 있다.

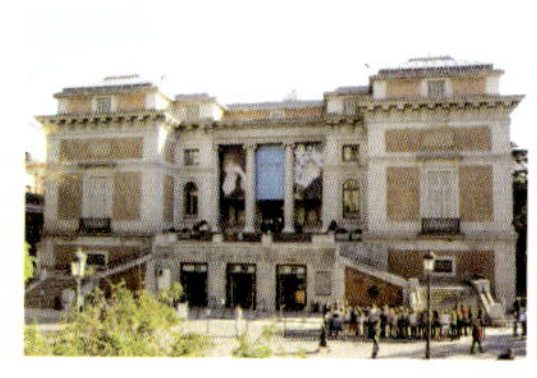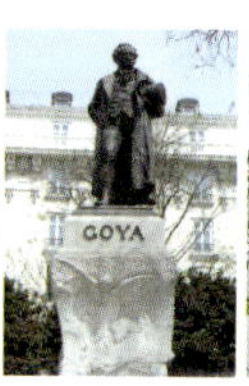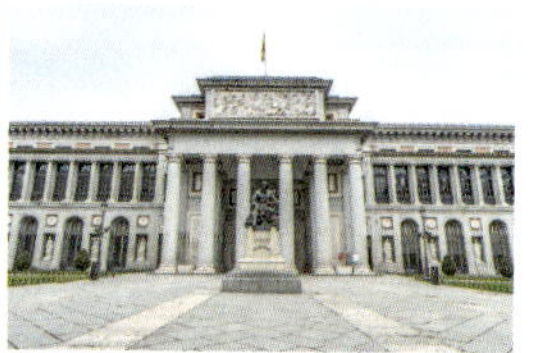

주소 Paseo del Prado s/n 28014 Madrid
교통 지하철 2호선 Banco de Espanya 역에서 도보 10분,
     지하철 1호선 Atocha 역에서 도보 10분
시간 월~토요일 10시~20시 / 일요일, 공휴일 10시~19시 /
     1월 6일, 12월 24일, 12월 31일 10시~14시
휴관 1월 1일, 5월 1일, 12월 25일
요금 14유로(인터넷 예약 시 예매 수수료 1유로 추가)
무료 18~25세 학생, 18세 미만, 월~토요일 18시~20시, 일요일 17시~19시,
     5월 18일(International Museum Day), 11월 19일(프라도 미술관 기념일)
홈페이지 www.museodelprado.es

전시관 구조도

1층
스페인 회화 1100~1910
독일 회화 1450~1550
조각
플랑드르 회화 1430~1570
이탈리아 회화 1300~1600
일시적인 전시
히에로니무스 보스 〈쾌락의 정원〉
프란시스코 고야 〈아들을 잡아먹는 사투르누스〉
prodo shop prodo cafe
티켓 소지자 들어가는 곳
매표소
무리요 입구
알브레히트 뒤러 〈자화상〉
벨라스케스 입구
2층
스페인 회화 1550~1810
독일 회화 1750~1800
프랑스 회화 1600~1800
플랑드르 회화 1600~1700
이탈리아 회화 1450~1800
영국 회화 1750~1800
네덜란드 회화 1600~1695
데생
일시적인 전시
디에고 벨라스케스 〈시녀들〉
페테르 파울 루벤스 〈삼미신〉
고야 입구
shop
베첼리오 티치아노 〈다나에〉
프란시스코 고야 〈벌거벗은 마야〉
인포메이션   장애인 화장실   화장실   공중전화   기프트숍   카페
오디오 가이드   락커룸   엘리베이터   에스컬레이터   계단   약국
모유 수유실   식당   강의실   휴게실   강당   E 교육

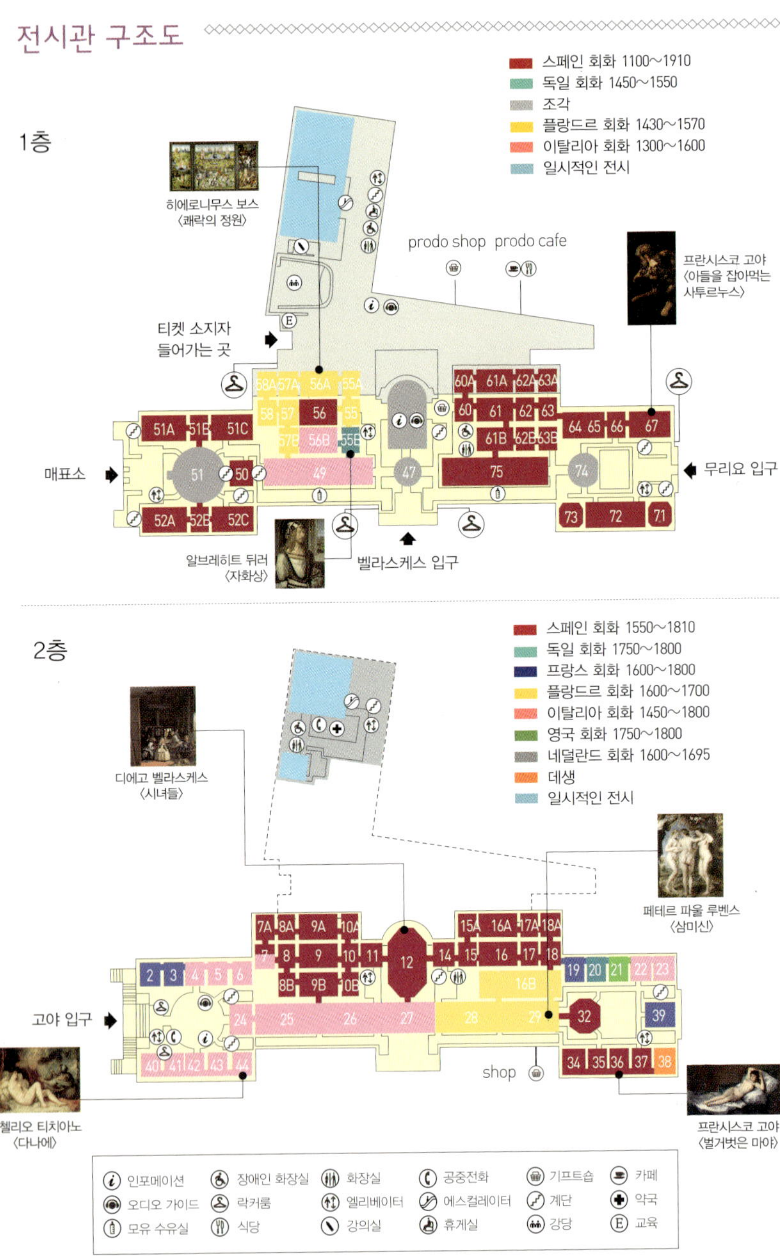

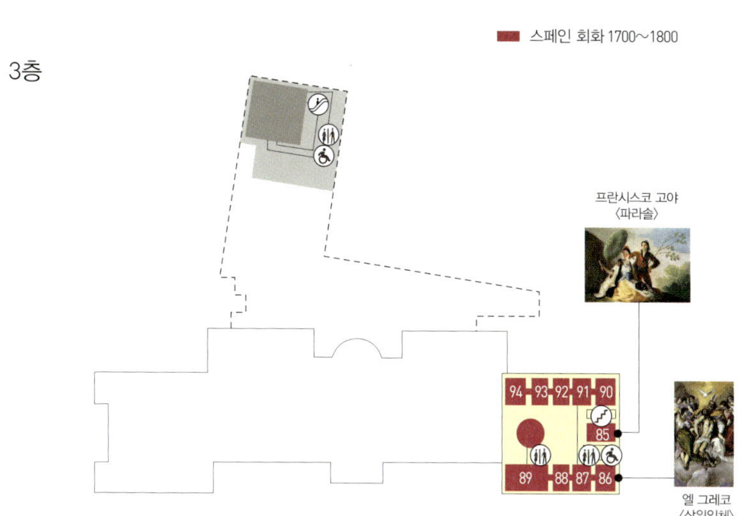

3층
스페인 회화 1700~1800
프란시스코 고야
〈파라솔〉
94 93 92 91 90
85
89 88 87 86
엘 그레코
〈삼위일체〉

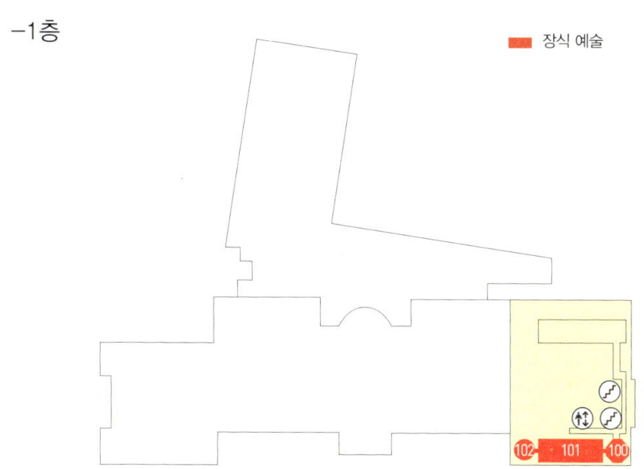

−1층
장식 예술
102 101 100

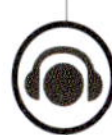

오디오 가이드 미술관 입구에서 대여 가능 요금 3.5유로
Full Version(250점) : 스페인어, 영어, 프랑스어, 독일어, 이탈리아어
Master Pieces(50점) : 한국어, 일본어, 중국어

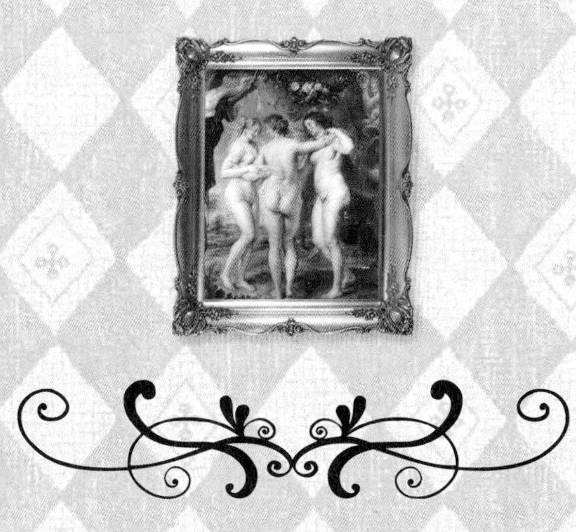

작품 소개

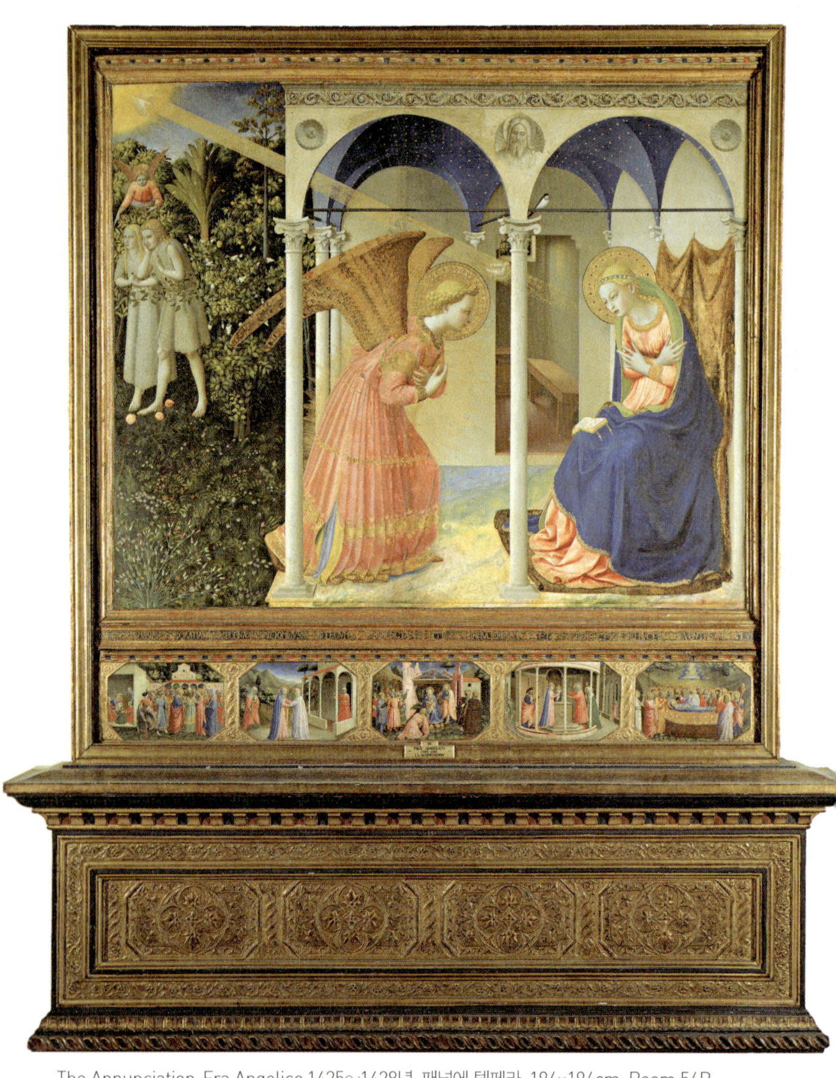

The Annunciation, Fra Angelico,1425〜1428년, 패널에 템페라, 194×194cm, Room 56B

수태고지

이탈리아 출신의 안젤리코는 수도사로 활동하며, 종교화를 주로 그렸던 화가다. 이 작품은 프라도 미술관이 소장한 걸작으로, 피렌체의 산 마르코 수도원에 벽화 가운데 하나로 그려진 것이다.

'수태고지'는 대천사 가브리엘이 성모를 찾아와 성령을 수태하게 될 것을 전하는 내용을 말한다. 가브리엘 천사는 마리아에게 성령을 잉태하게 될 것이며, 아들을 낳을 터인데, 그의 이름을 예수로 하라는 말을 전한다. 이 말을 들은 마리아는 '주님의 종이오니, 그대로 이루어지기를 기원한다'는 말을 하며 성령을 받아들였다.

이 그림에서 성모는 파란색과 빨간색의 옷을 입고 있으며, 기도서를 무릎에 펼친 채 경건한 자세를 취하고 있다.

화면 왼쪽 상단에는 성령을 의미하는 비둘기가 성모에게 빛을 내리고 있으며, 성모의 순결을 나타내는 백합이 정원에 가득하다.

또한 왼쪽 맨 끝에는 아담과 이브가 천사에 의해 추방되는 장면을 담고 있는데, 이것은 수태고지를 통해 인류의 원죄를 속죄한다는 의미를 담고 있다. 더불어, 하느님의 말씀에 복종하지 않은 아담과 이브와 하느님의 말씀을 받아들인 마리아를 대조적으로 보여주고 있다.

그림의 바로 아래 제단 장식대에는 성모 마리아의 생애가 시간대별로 그려져 있다.

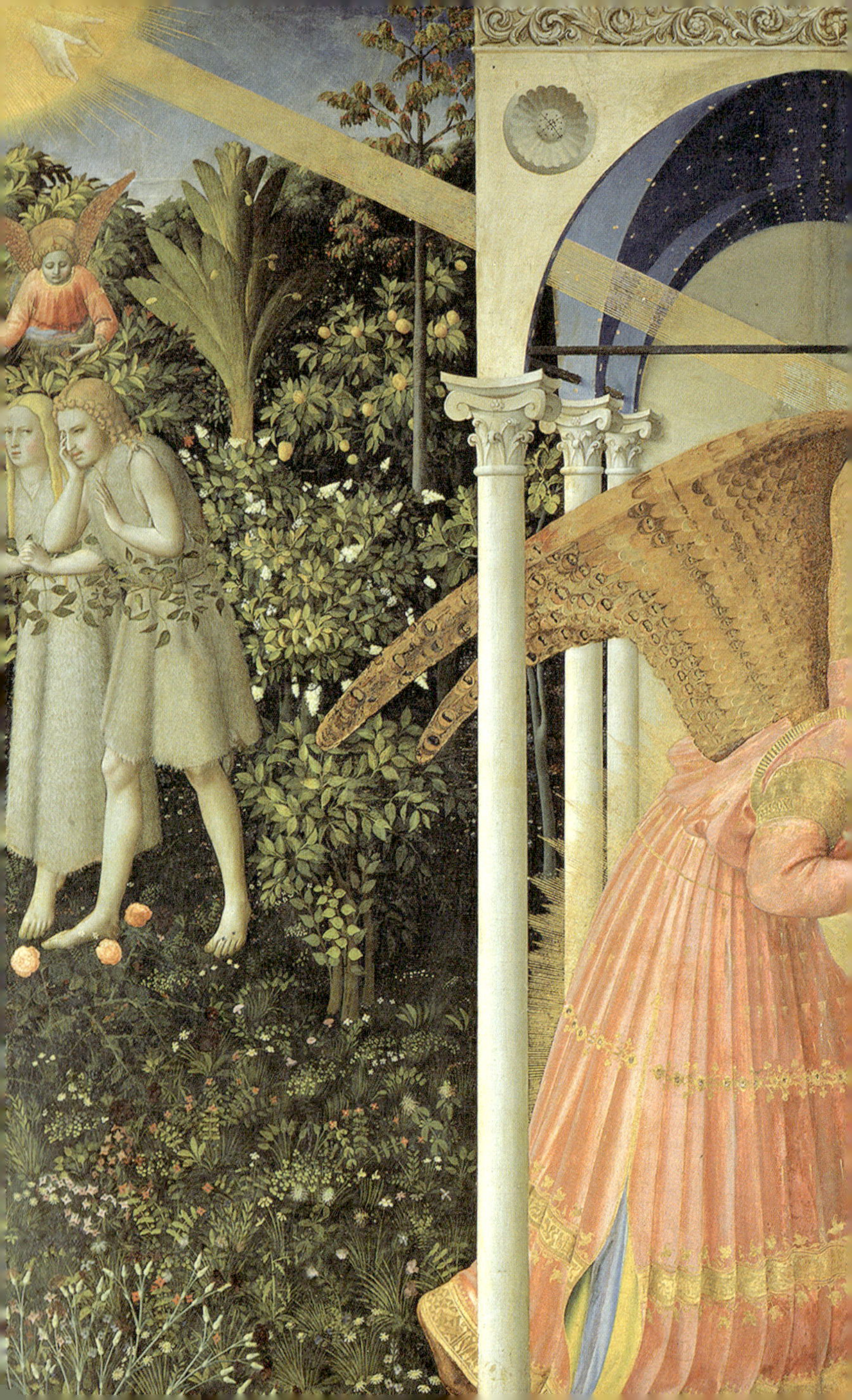

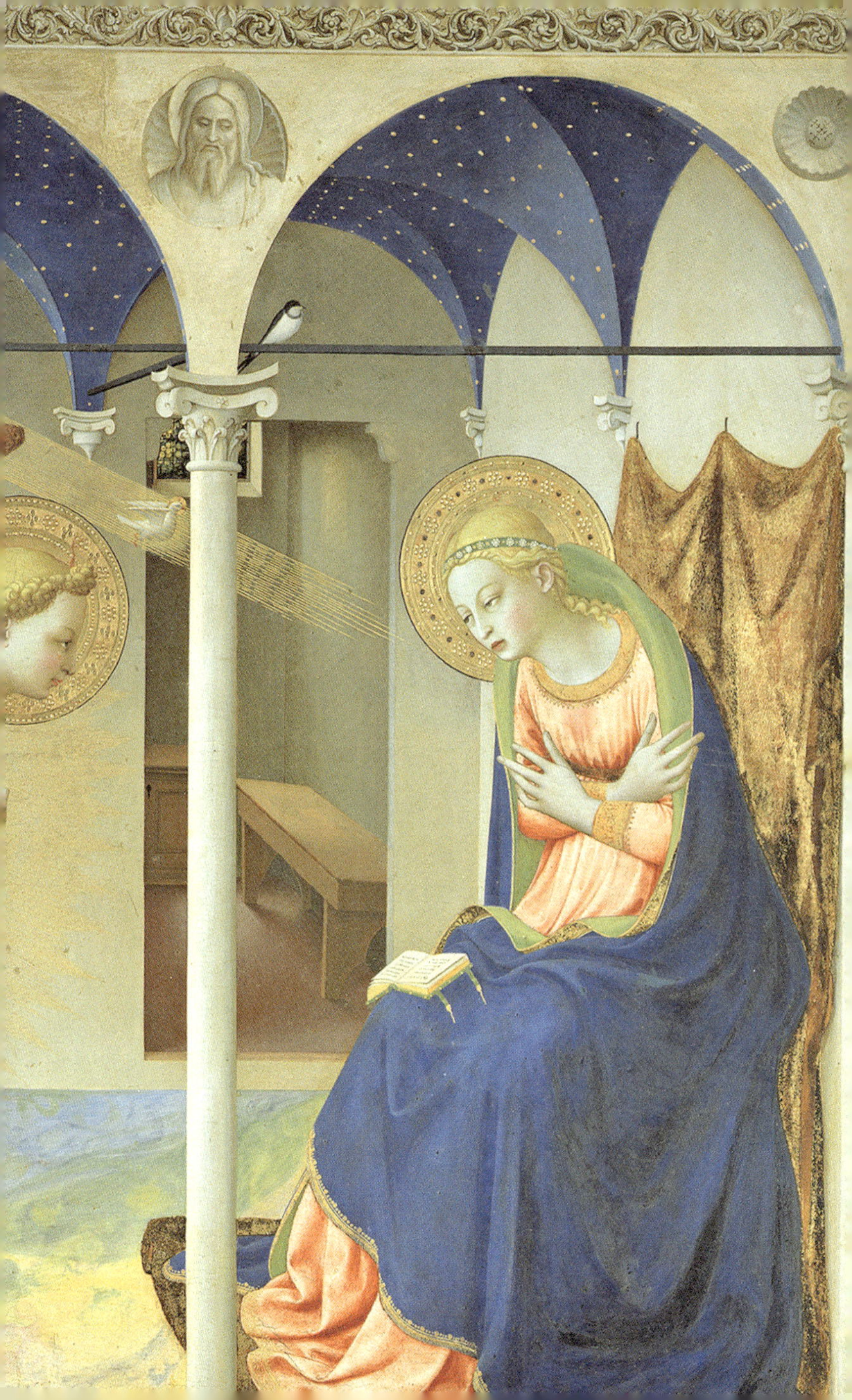

십자가에서 내림

벨기에 투르네 출신의 베이던은 15세기 플랑드르 화가로, 종교화나 초상화를 주로 그렸으며 북유럽의 르네상스 미술을 대표한다.

이 작품은 원래 벨기에 루벤에 있는 성당의 예배실을 장식하기 위해 나무판에 그려 넣은 패널화로, 십자가에서 내려지는 예수의 모습을 담았다.

정확한 대칭으로 그려진 화면 중앙에는 십자가가 세워져 있고, 여러 인물들이 사다리를 놓고 예수를 내리고 있으며, 예수의 왼쪽 아래로 마리아가 쓰러져 있다. 마리아를 부축하는 빨간 옷을 입고 있는 인물은 복음서를 쓴 요한이며, 녹색 옷을 입은 여인은 마리아 막달레나다.

예수가 십자가에 못 박힐 때 그의 제자들은 모두 무서워서 숨었지만, 예수의 애제자였던 요한만이 그의 곁을 지켰다. 요한의 발밑에는 해골이 하나 그려져 있는데, 이것은 '죽음을 기억하라'는 의미이기도 하며, 예수가 죽은 장소인 골고타 언덕을 의미하기도 한다. '골고타'는 아랍어로 '해골 터'라는 의미를 갖고 있다.

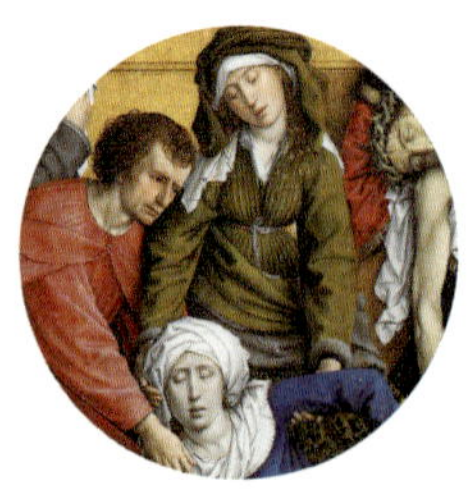

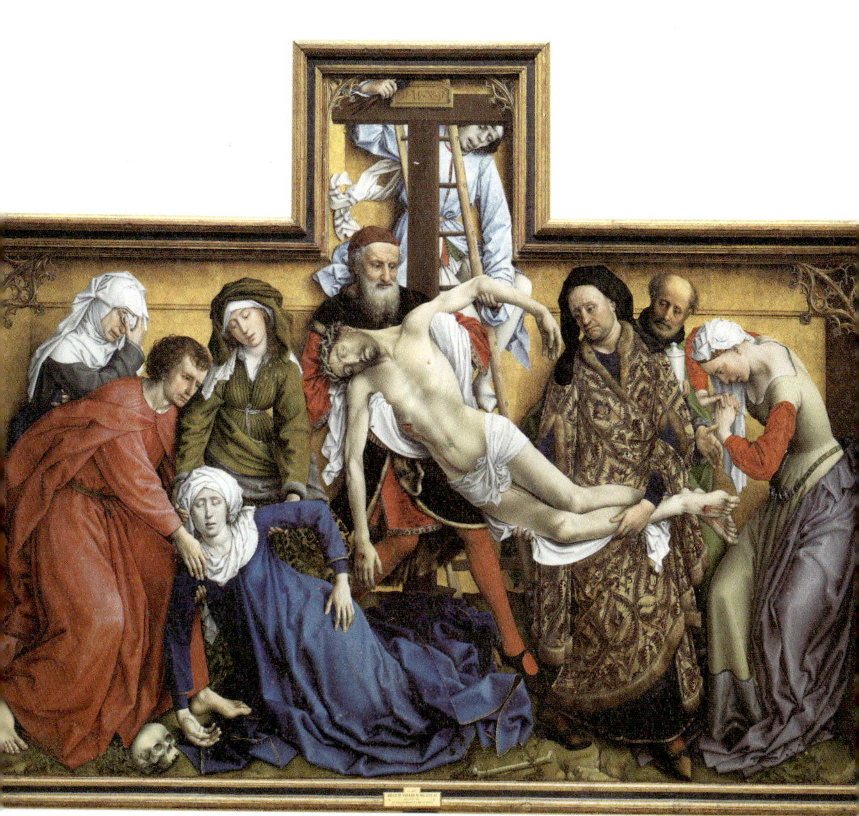

Descent from the Cross, Rogier van der Weyden, 1435년, 패널에 유채, 220×262cm, Room 58

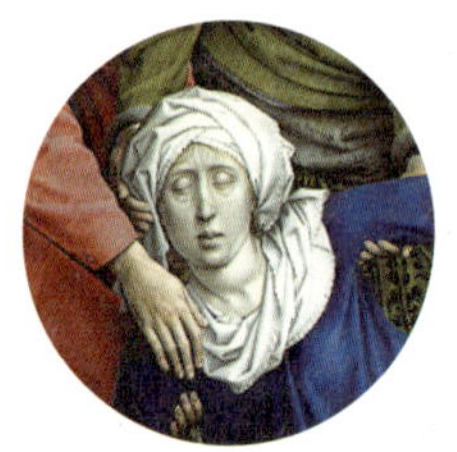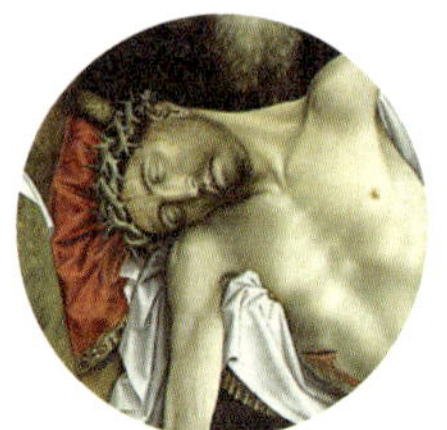

베이던은 인물들의 슬픔에 찬 표정을 잘 묘사하고 있다. 특히 마리아는 감정적으로 죽음을 맞이한 것처럼 영혼이 빠져나간 듯한 모습이다. 세상의 어떤 어머니라도 자신의 아들이 고통 속에 숨을 거두었다면, 마리아와 같이 기절한 듯한 모습을 보일 수밖에 없을 것이다.

이전에는 십자가에 매달린 예수나 그런 예수를 지켜보는 성모 마리아의 모습을 아름답게 그린 경우가 많았는데, 베이던은 예수도 십자가에서는 고통스러웠을 것이며, 그것을 지켜보는 성모 마리아 역시 고통스러웠을 장면을 사실적으로 표현하고 있다.

특히 예수와 마리아의 시선이 사선으로 떨어지면서 두 인물의 슬픔에 더욱 시선이 모아진다. 또한 등장인물들의 사실적인 표정뿐 아니라 그들의 옷이나 머리카락, 얼굴의 주름까지도 모두 사실적으로 섬세하게 묘사된 것이 특징이다.

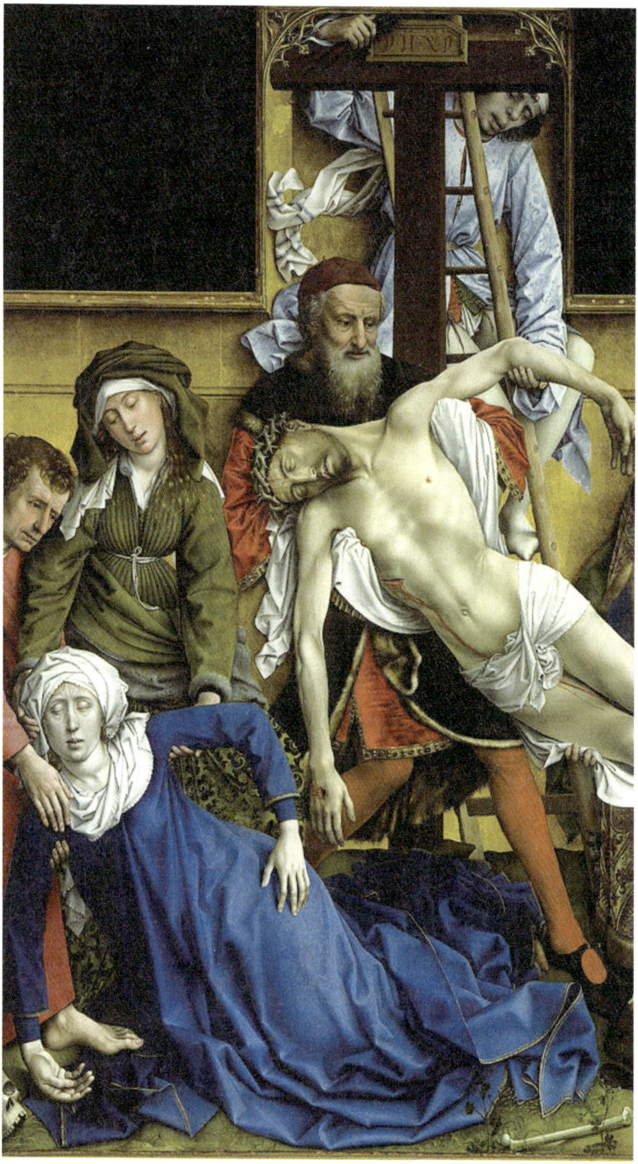

천사의 부축을 받는 그리스도

이탈리아 화가인 안토넬로 다메시나는 주로 베네치아에서 활동했던 화가로, 베네치아에 플랑드르 유화 기법을 전한 인물로도 알려져 있다. 그는 나폴리에서 그림을 공부하면서 익힌 네덜란드 회화 기술로, 그리스도의 세심한 머리카락 표현이나 배경의 풍경 등에서 더욱 돋보이는 그림을 그릴 수 있었다. 이 작품은 그가 베네치아에서 활동하던 시절에 그린 것인데, 작품의 배경은 안토넬로의 고향인 메시나의 풍경을 담고 있다.

이 그림의 크기는 굉장히 작은 편이지만 유독 걸작이 많은 프라도 미술관에서도 이 작품이 돋보이는 것은, 고통이 모두 끝난 후, 죽음에 이름으로서 오히려 편안해 보이는 그리스도의 모습과 그리스도가 쓰러지지 않도록 부축하고 있는 천사의 모습에서 간절한 위로가 느껴지기 때문일 것이다.

이 작품 속에 등장하는 천사의 모습은 슬픔이 가득하다. 천사는 성별도 없고, 희노애락을 느낄 수 없는 존재이지만, 그리스도의 모습을 고통스럽게 표현하는 것이 아니라 천사의 모습을 슬픔에 빠지게 표현함으로써 그 효과를 극대화했다. 그리스도의 옆구리 상처와 바닥에 놓인 해골을 통해 그리스도가 죽은 후의 모습이라는 것을 알 수 있다.

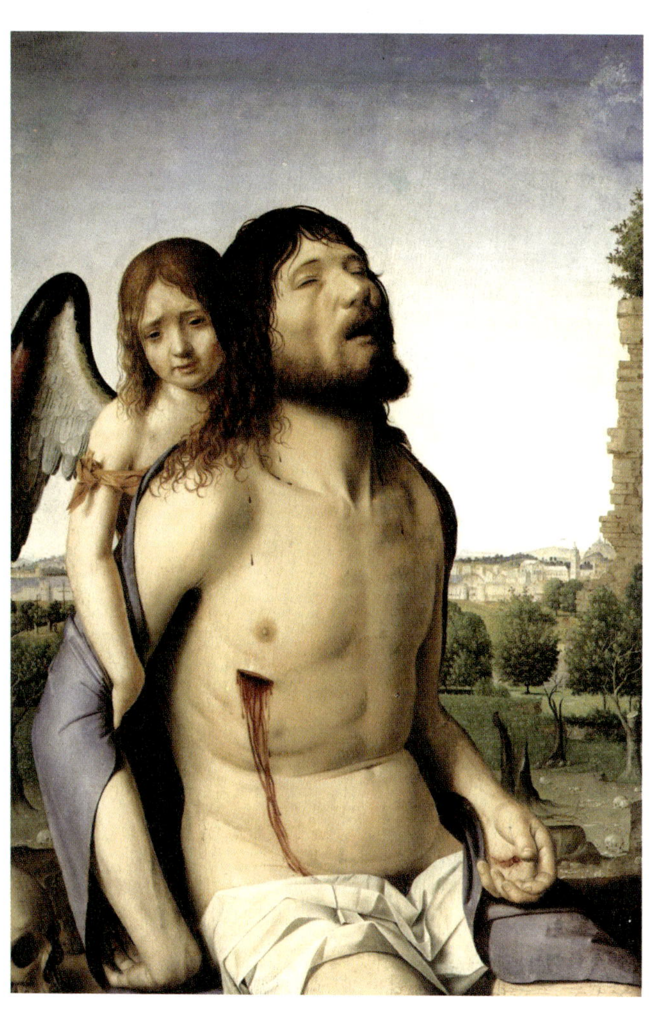

The Dead Christ Supported by an Angel, Antonello da Messina,
1475~1476년, 패널에 유채와 템페라, 74×51cm, Room 56B

Self Portrait, Albrecht Dürer, 1498년, 패널에 유채, 52×41cm, Room 55B

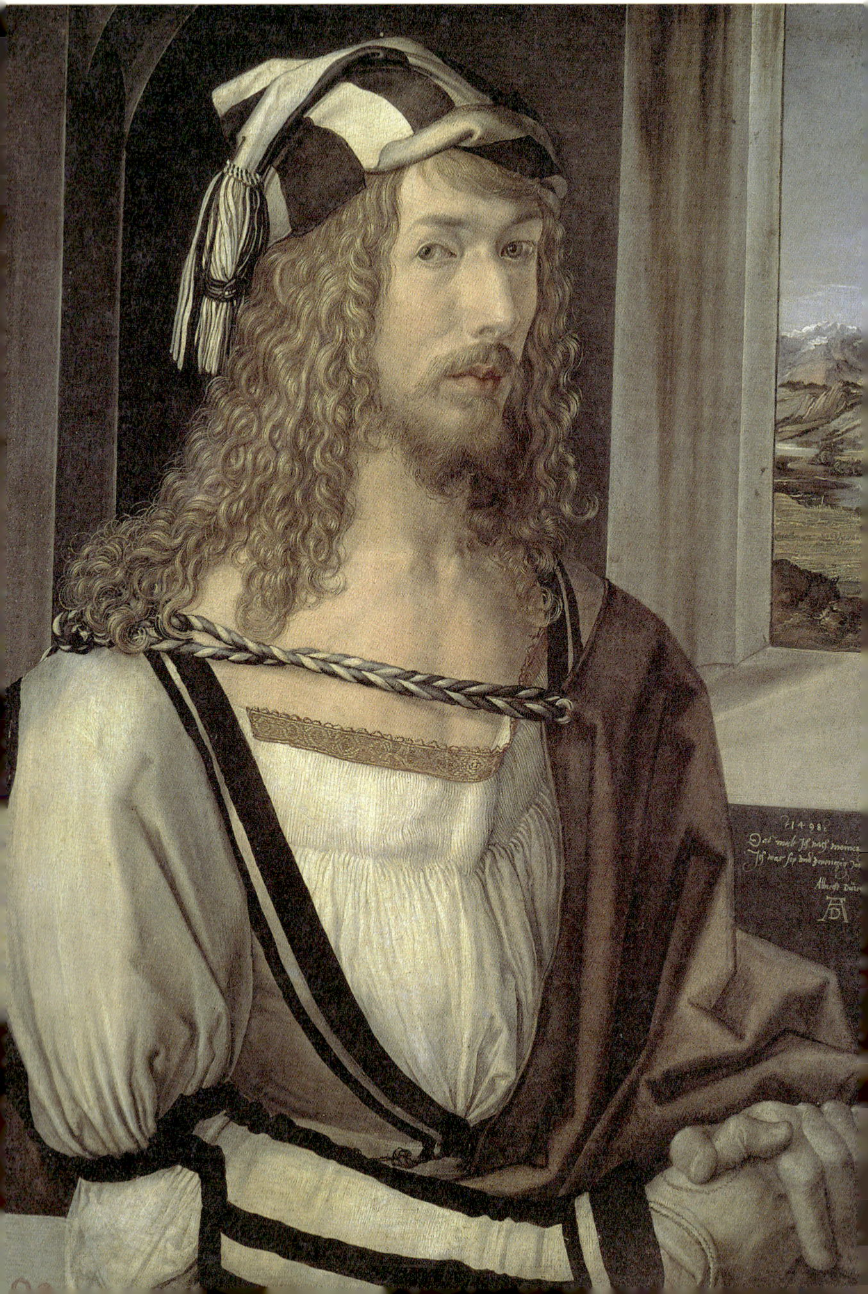

자화상

뒤러는 독일 출신 화가 중에서 가장 뛰어난 화가로 인정받고 있으며, 북유럽 미술에서 르네상스를 완성시킨 인물이다.

뒤러는 최초로 자신의 모습을 그린 화가로도 유명한데, 그는 서양 미술사에서 최초로 자신의 모습으로 캔퍼스를 가득 채운 독립 자화상을 그렸다. 프라도 미술관에 소장된 자화상은 초창기의 자화상으로, 그가 26세 때 그린 것이다.

뒤러는 부유한 복장을 하고 있으며, 복장과 격식을 잘 갖추고 있다. 그는 자신의 모습을 부유층으로 묘사했으며, 실제로도 사회적으로 존경 받는 예술가로서 꽤 높은 지위까지 도달했다.

뒤러는 자신의 서명을 그림에 남겼는데, 그림 오른쪽에 있는 창문 아래에 이 그림은 본인이 그린 것이며 26세 때 그린 것이라고 독일어로 적혀 있다. 서명이 적혀 있는 창문 너머로는 원근법을 이용한 배경이 묘사되어 있는데, 이것은 당시 네덜란드 화가들이 주로 사용하던 방식이다.

쾌락의 정원

네덜란드 스헤르토헨보스 출신의 보스는 출신 지역 때문에 보스라는 이름으로 불린다. 그의 대표작인 이 그림은 보스의 그림 중에서도 가장 유명하면서 가장 어려운 그림 중 하나로, 특히 수수께끼 같은 요소들이 많이 그려져 있다.

〈쾌락의 정원〉은 3부작으로 구성되어 있으며 각각 '피조물', '쾌락의 동산', '지옥'이라는 주제를 담고 있다.

왼쪽 패널에 그려진 '피조물' 주제의 그림에는 에덴 동산을 배경으로 이브의 탄생이 그려져 있다. 창조주로 보이는 사람이, 아담의 갈비뼈에서 막 태어난 이브의 손을 잡고 아담에게 소개시켜 주는 장면을 묘사하고 있다.

The Garden of Earthly Delights, Hieronymus Bosch, 1500~1505년경.
패널에 유채, 중앙 패널 220×195cm, 양옆 패널 220×97cm, Room 56A

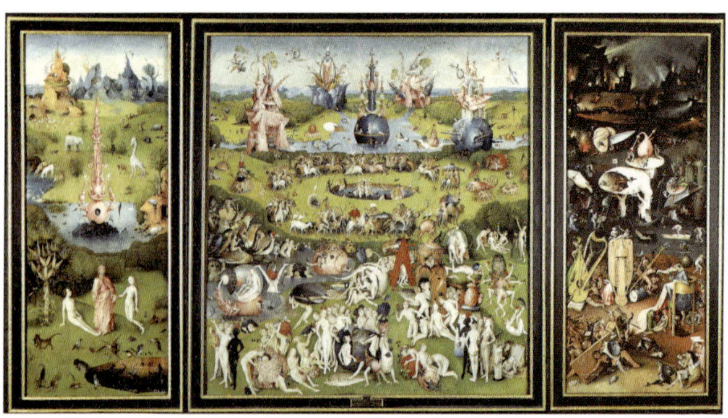

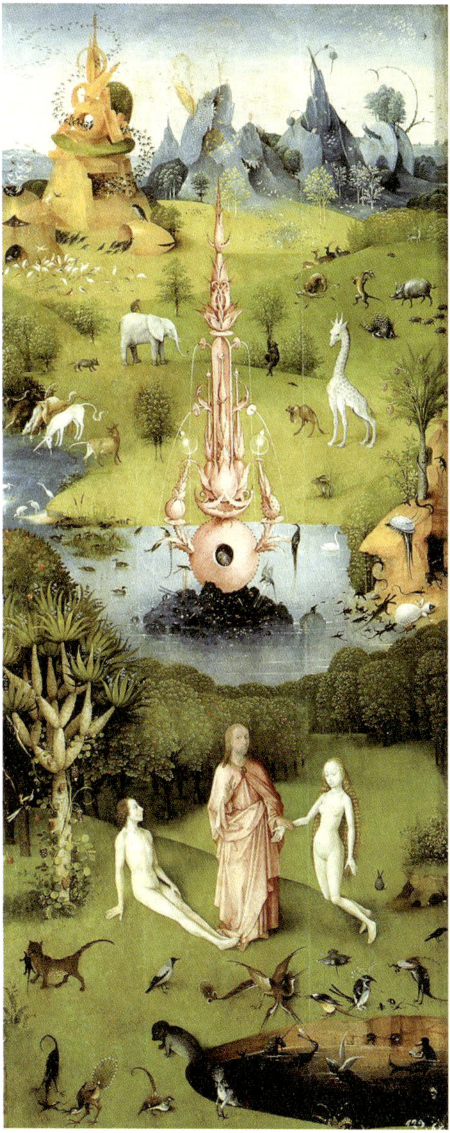

<〈쾌락의 정원〉 왼쪽 패널 '피조물'

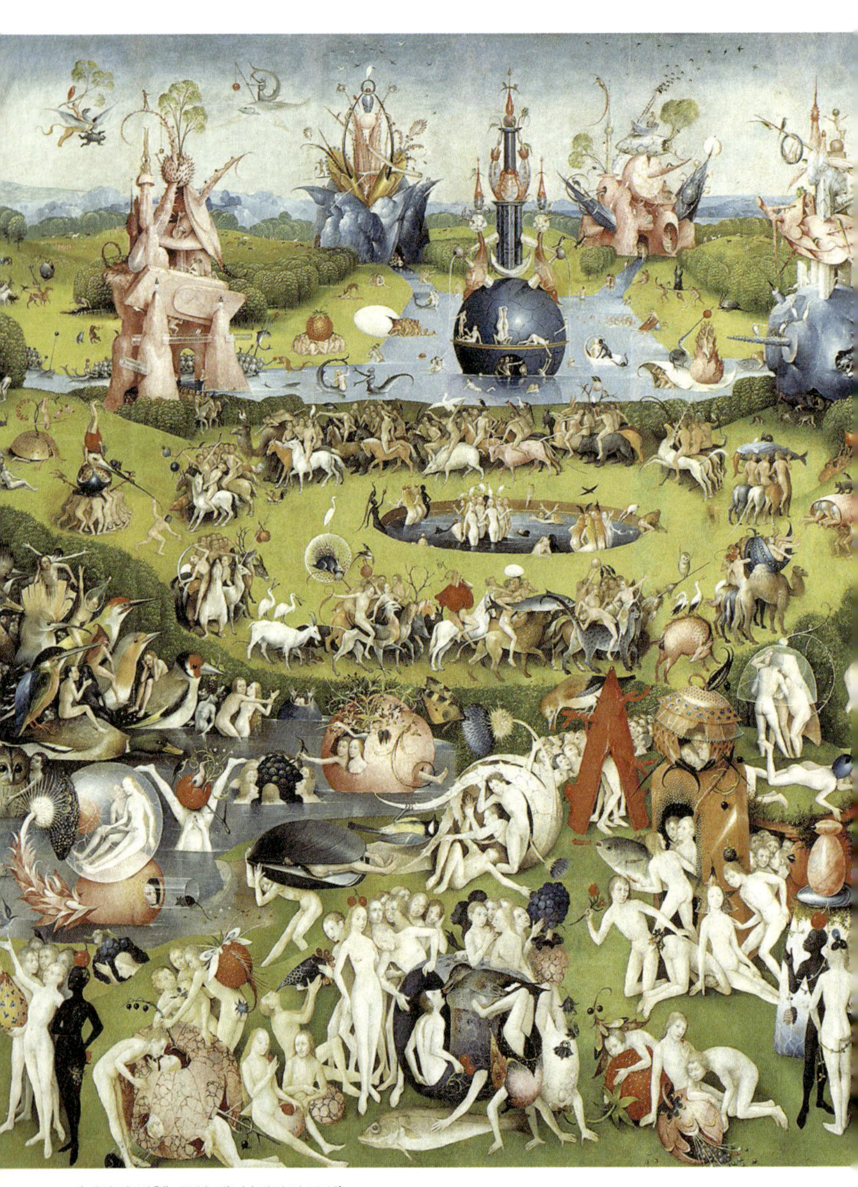

〈쾌락의 정원〉 중앙 패널 '쾌락의 동산'

중앙 패널화인 '쾌락의 동산'에서는 오직 쾌락만을 탐닉하는 나체의 남녀들이 다양한 행위를 하고 있는 모습이 그려져 있다. 수천 명에 가까운 등장인물들이 남녀 짝을 이루고, 천진난만한 모습으로 성행위를 비롯한 무언가를 하고 있으며, 자신도 모르는 사이에 죄를 짓는 모습을 보여주고 있다.

사람 외에도 독특한 생명체들이 많이 등장하는데, 새들이 물에서 놀고, 물고기들이 하늘을 날고 있으며, 인간보다 더 큰 딸기도 등장한다.

많은 학자들은 왼쪽 패널의 그림에서 탄생한 '피조물'들이 중앙 패널인 '쾌락의 동산'에서 죄를 지었기 때문에, 오른쪽 패널에 있는 '지옥'으로 연결된다는 해석을 내놓기도 한다.

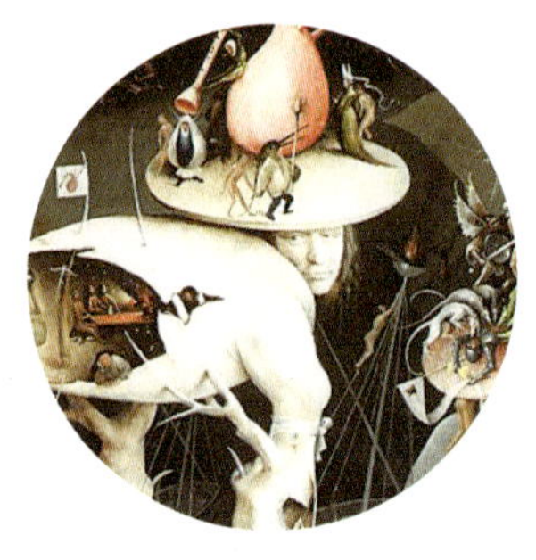

오른쪽 패널의 그림은 '지옥'을 나타내며 공포스러운 모습이 가득
하다. 이 그림에는 온갖 고문 도구와 괴물들이 등장하고, 그것들
로 인해 고통 받고 있는 인간의 절규하는 모습이 가득하다.

지옥의 중앙 부분에는 마치 모자를 쓰고 있는 듯한 모습으로 관객
을 노려보고 있는 한 인물의 얼굴이 선명하게 보이는데, 이는 화
가 자신의 자화상으로 알려져 있다.

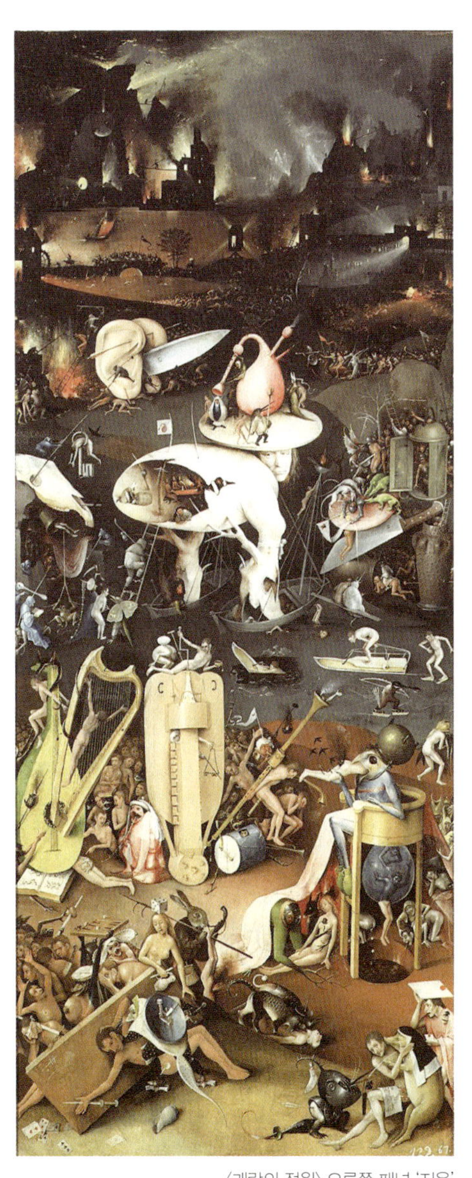

〈쾌락의 정원〉 오른쪽 패널 '지옥'

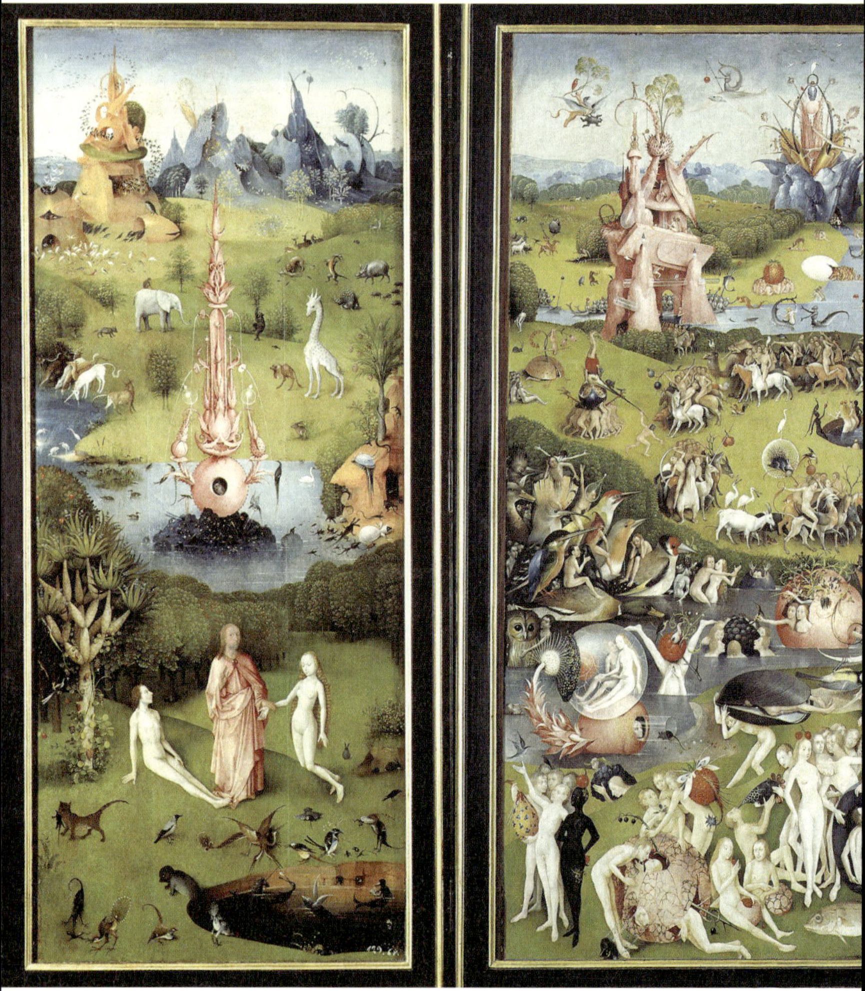

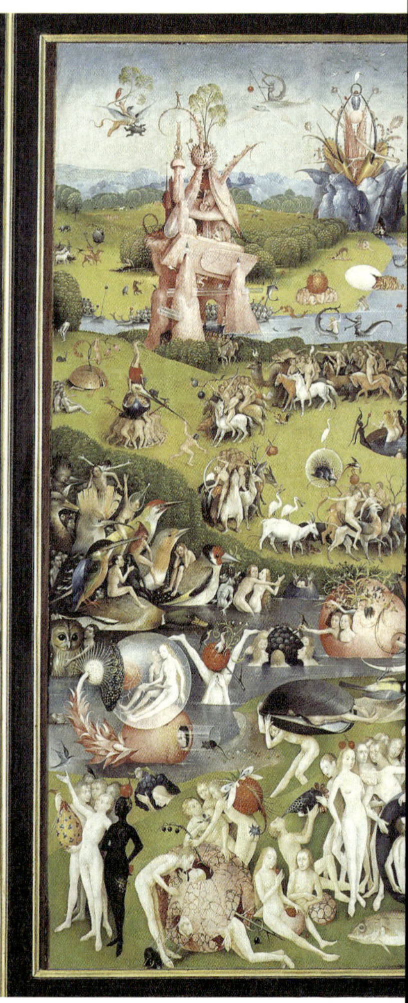

The Garden of Earthly Delights, Hieronymus Bosch, 1500~1505년경.
패널에 유채, 중앙 패널 220×195cm, 양옆 패널 220×97cm, Room 56A

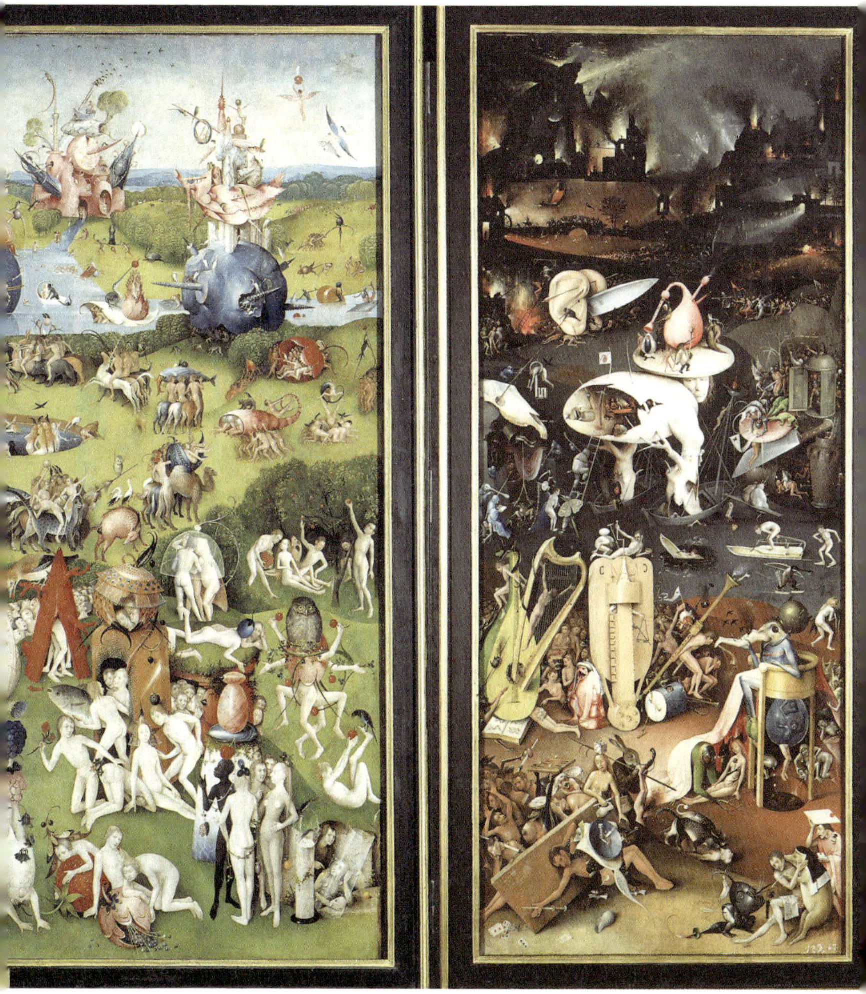

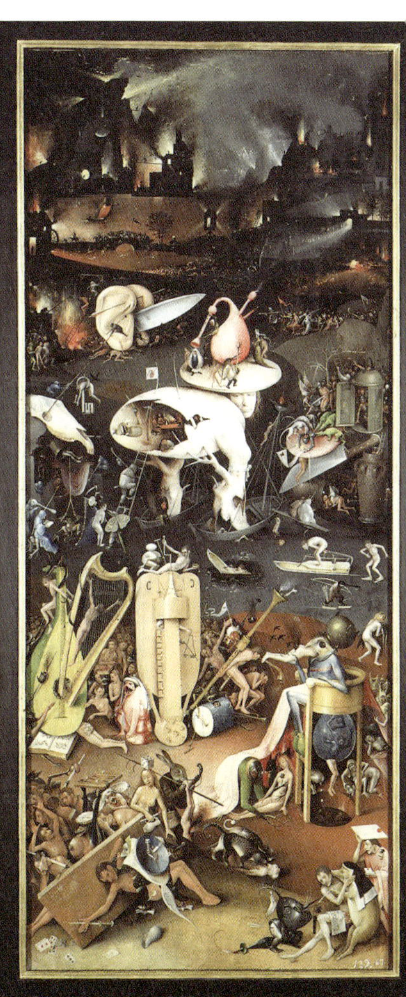

일곱 가지 큰 죄

보스의 초기 작품 중 하나인 이 그림은 필립 2세의 의뢰로 엘 에스코리알 수도원을 장식하기 위해 그려진 그림이다.

그림의 네 모퉁이에는 작은 원으로 각각 '죽음', '심판', '천국'과 '지옥'을 묘사하고 있으며, 가운데에는 커다란 원 속에 일곱 가지 죄가 표현되어 있다. 일곱 가지 죄는 분노, 자만, 음욕, 나태, 식욕, 탐욕, 질투를 말한다. 그리고 이 일곱 가지 죄는 그리스도교에서 말하는 '죽음에 이르는 죄'를 뜻한다.

이 일곱 가지 죄가 그려진 커다란 원을 멀리서 보면 마치 중앙에 동공을 그려 놓은 것 같은 느낌이 든다. 동공 가운데에는 예수가 지켜보고 있어, 어떠한 죄를 짓든 피할 수 없다는 것을 의미하고 있다.

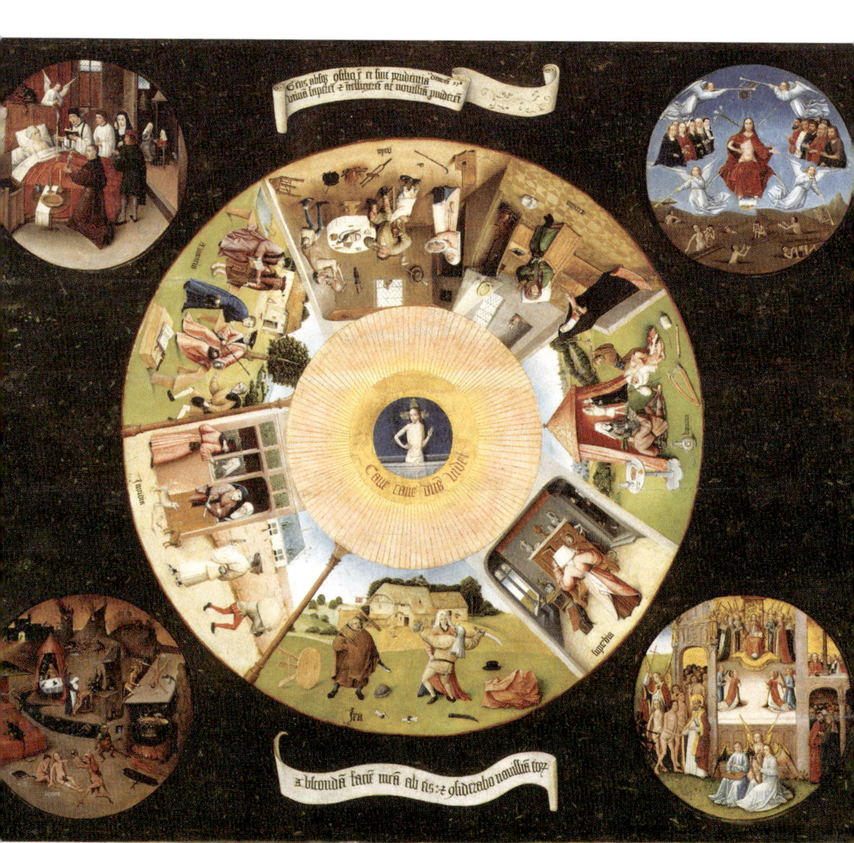

Table of the Mortal Sins, Hieronymus Bosch, 1485년, 패널에 유채, 120×150cm, Room 56A

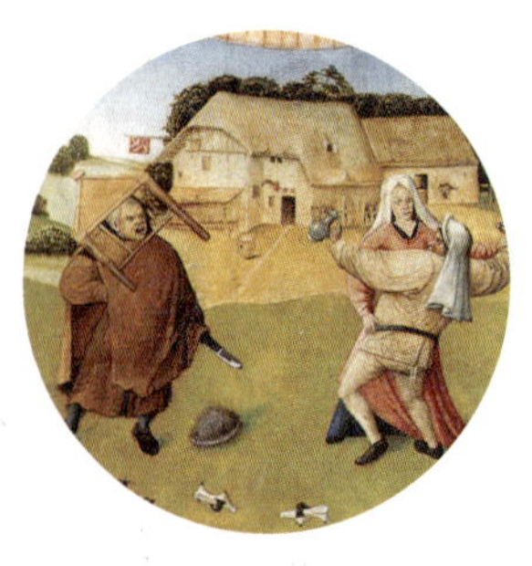

동공 속의 예수 모습 바로 아래에는 '분노'가 그려져 있다. 이웃이 함께 술을 마시다 격렬한 싸움이 일어났는데, 두 사람은 서로 죽이려 칼을 들고 난투를 벌인다.

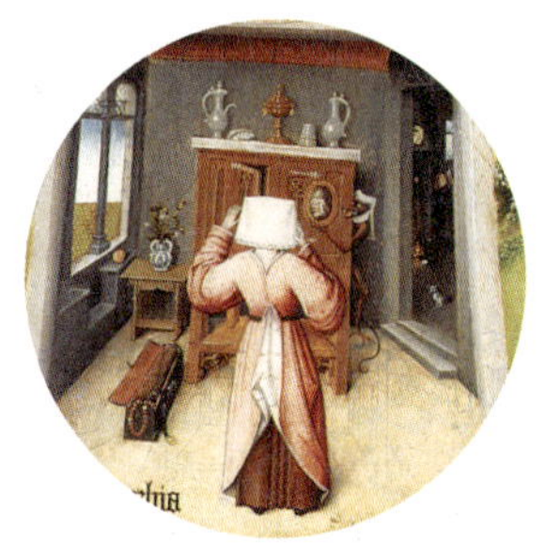

'분노'의 오른쪽에는 '자만'이 있다. 어느 가정의 실내에서 허영에 찬 한 부인이 마귀가 내민 거울에 자신을 비추며 감탄하고 있다. 또한 방 밖에서는 중세 시대에 마녀가 변신한 악마로 여겨지던 고양이가 그녀를 지켜보고 있다.

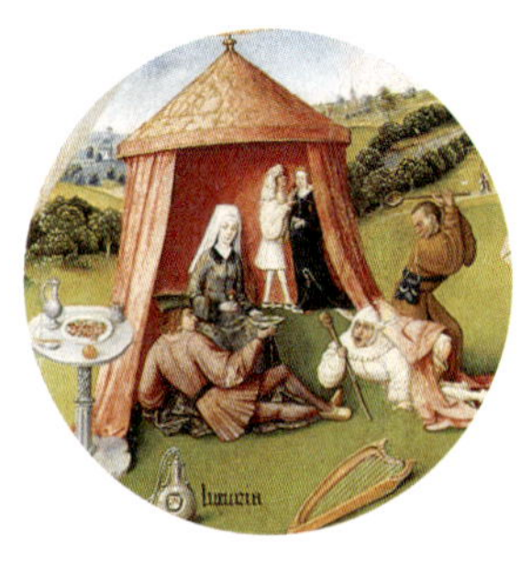

그 오른쪽으로 '음욕'에서는 두 쌍의 남녀가 쾌락의 시간을 보내고 있다. 바닥에 놓인 악기들은 무질서한 쾌락을 뜻하며, 광대들이 더욱 유희를 부추긴다.

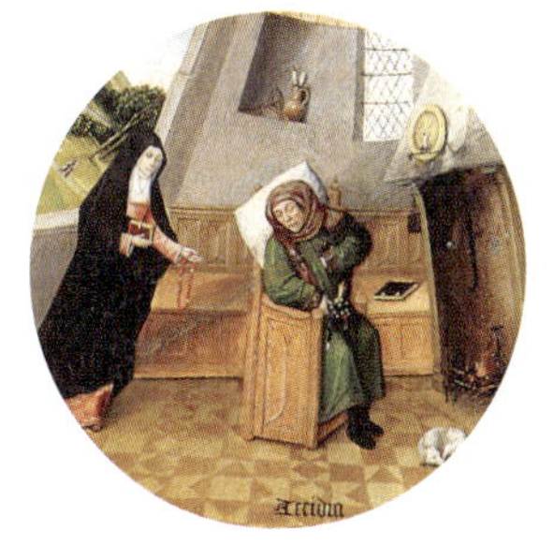

'나태'는 교회에 가려고 준비를 마친, 묵주와 성경을 든 여자가 잠든 남자를 깨우는 모습을 묘사하고 있다. 잠을 자는 남자 옆에는 따듯한 벽난로와 그 앞에서 자는 개가 있다. 이는 게으름을 의미한다.

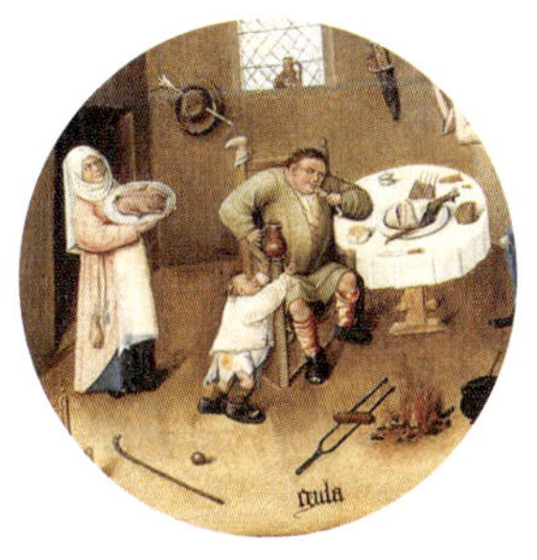

'식욕'에서는 뚱뚱한 남자가 칠면조 요리를 먹으며, 어린아이도 무시한 채 자신의 배만 채우고 있다. 여인이 연이어 요리를 가져오고, 불에는 소시지가 익어간다.

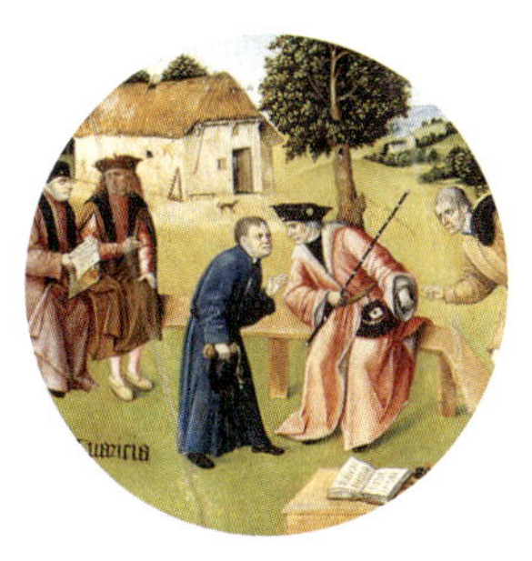

'탐욕'에서 부자는 재판관을 매수하여 가난한 사람의 돈을 갈취하고 있다. 부자의 뒤에 선 배심원들은 이러한 모습을 그저 묵인해 주고 있다.

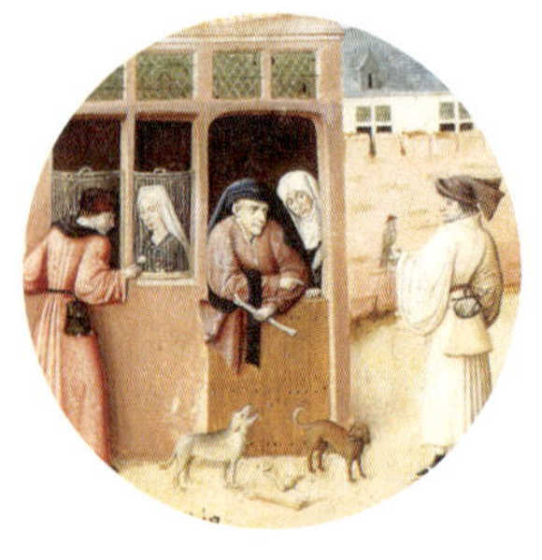

마지막의 '질투' 장면에서는 사람들이 언쟁을 벌인다. 그리고 두 마리의 개가 뼈다귀를 보고 짖는다. 네덜란드 속담인 '한 개의 뼈다귀는 두 마리 개가 나눌 수 없다'는 것과 같이 다른 사람이 가진 것을 질투하여 탐하는 인간의 죄를 의미한다.

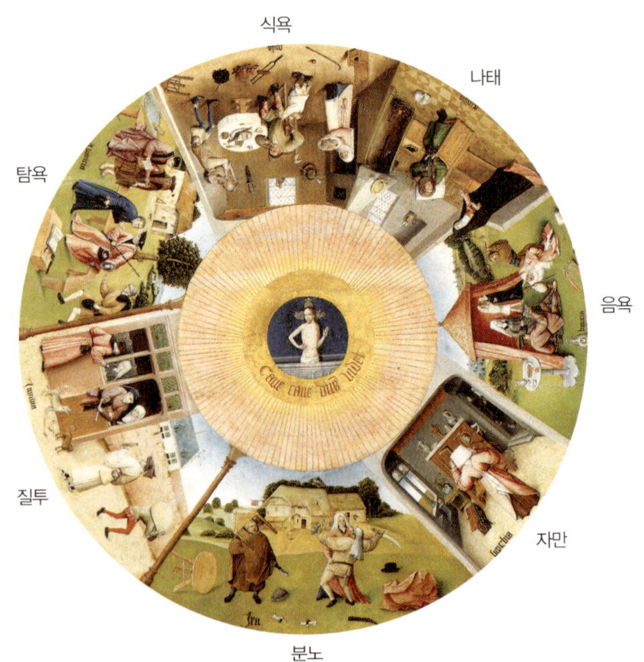

모퉁이에 있는 네 개의 원형에는 죽음을 맞이할 때 최후의 심판을
통해 천국과 지옥으로 가는 과정이 그려져 있다.

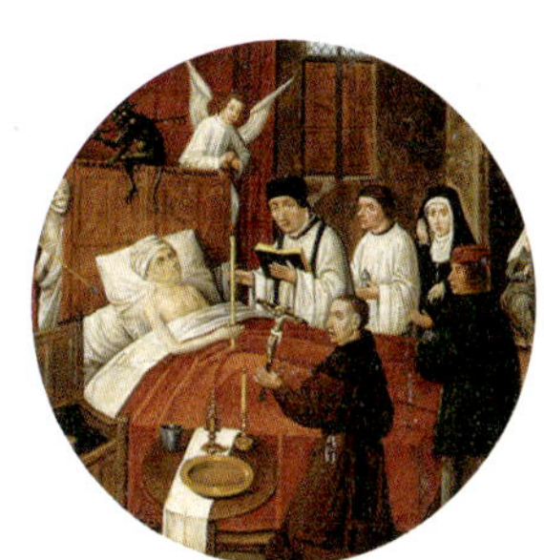

죽음

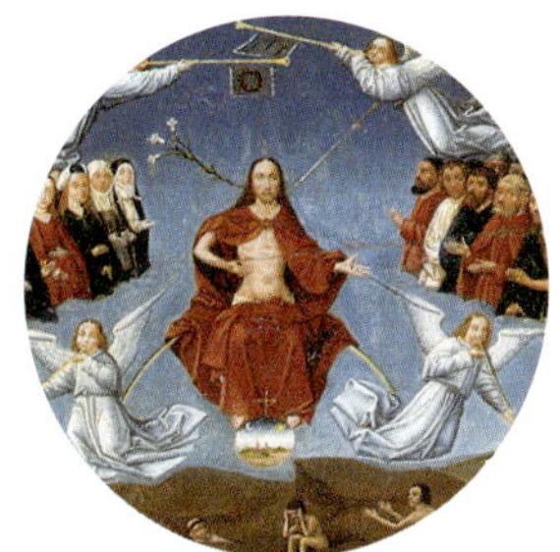

심판

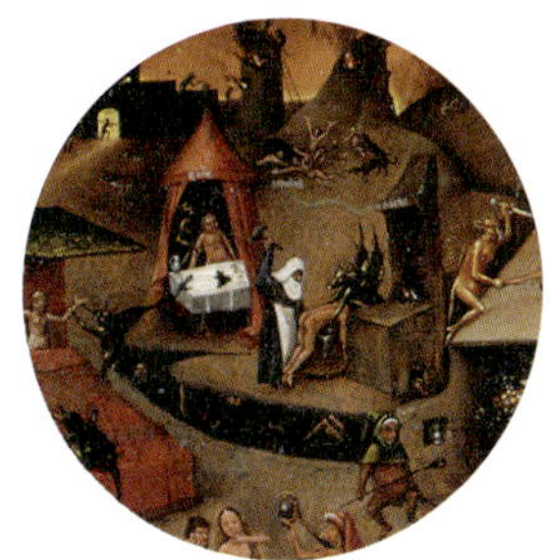

지옥

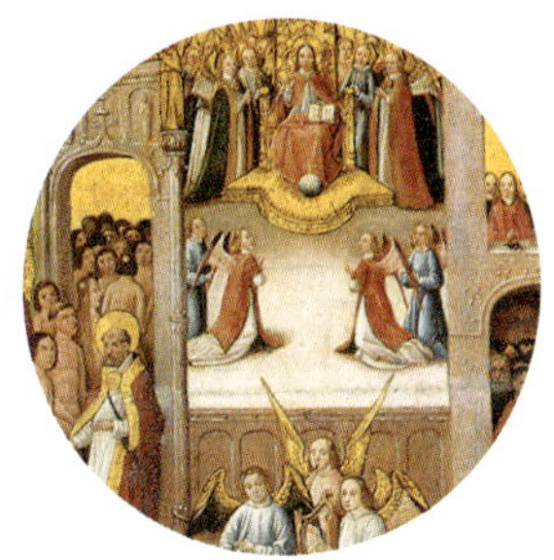

천국

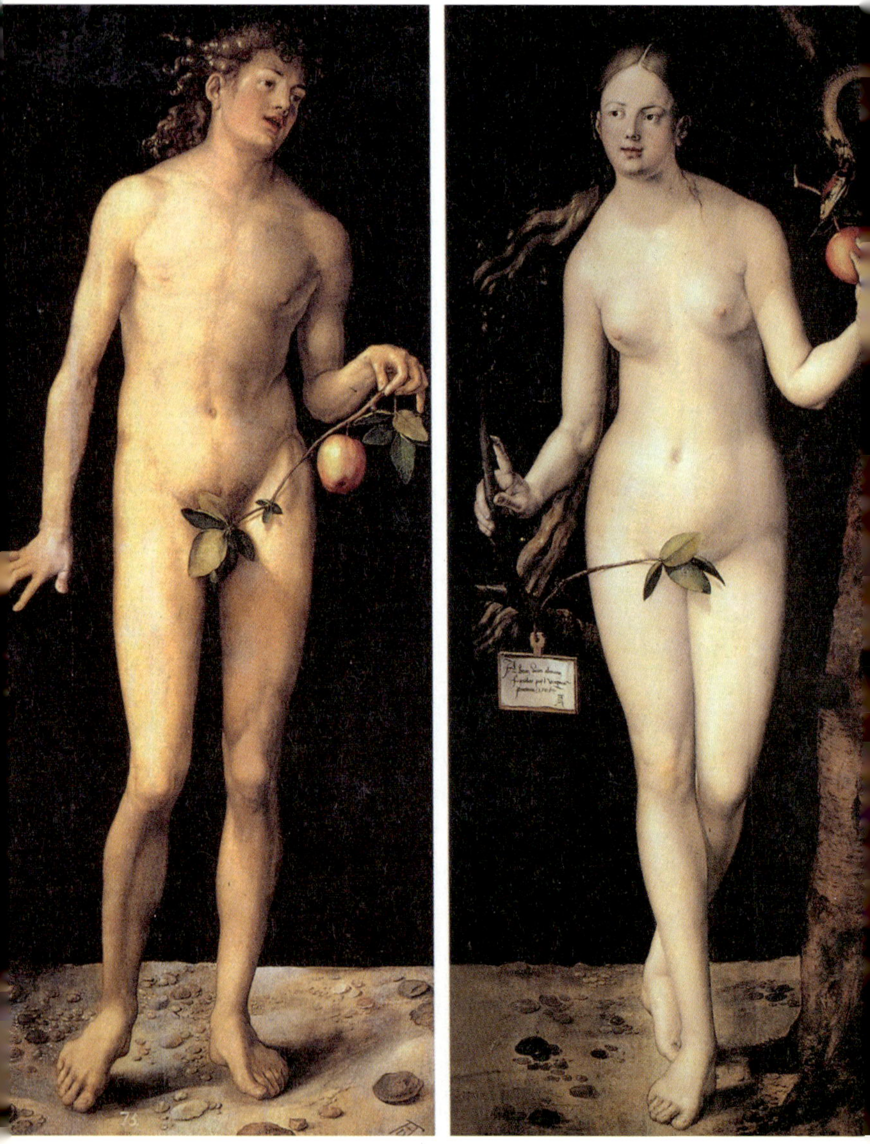

Adam and Eve, Albrecht Dürer, 1507년, 패널에 유채, 각각 209×81cm, Room 55B

아담과 이브

이 작품은 뒤러가 두 번째 이탈리아 여행을 마치고 돌아온 후에 그린 것이다. 당시 뒤러는 인체를 연구하면서 인체 비례를 적용해 1504년 최초로 자와 컴퍼스를 이용해 〈아담과 이브〉 작품을 그렸고, 1507년 이것을 좀 더 자연스럽게 유화로 완성시킨 것이 바로 이 작품이다.

당시 화가들은 '아담과 이브'를 주제로 그림을 그릴 때 원죄의 모습을 그리거나 남자를 유혹하는 이브의 모습을 묘사했지만, 뒤러는 원죄로 인해 고통 받는 모습이 아닌 밝고 경쾌한 느낌의 아담과 이브를 묘사했다.

아담과 이브는 선악과를 들고 있으면서도 표정이 밝으며, 그들의 몸을 가리는 나뭇잎조차 애교스럽게 느껴진다. 그들은 한 발에 체중을 싣고 다른 한쪽 다리는 무릎을 살짝 구부린 모습을 하고 있어, 마치 한 걸음 나아가려는 듯한 느낌을 준다. 이러한 표현을 '콘트라포스토'라고 부르는데, 이 구도가 인체를 가장 아름답게 표현하기 좋은 자세다.

그림에서 아담과 이브는 현실 속의 인물처럼 표현되어 있으며 실제 사이즈에 가깝게 그려졌다. 이러한 묘사를 통해 세상의 중심은 인간이라는 르네상스 정신이 느껴진다.

또한 뒤러는 다른 작품들에서도 그랬듯, 이브 옆의 나뭇가지에 달린 명판에 '알브레히트 뒤러가 1507년에 완성했다'라고 서명을 남겨 놓았다.

건초 수레

이 작품은 〈쾌락의 정원〉과 비슷한 구도와 주제를 표현하고 있는 데, 왼쪽 패널은 '지상낙원', 중앙 패널은 '건초 수레', 오른쪽 패널은 '지옥'을 나타내는 삼단 패널화다.

그중 왼쪽 패널인 '지상낙원'은 창조의 세계를 그리고 있는데, 아담과 이브의 탄생부터 뱀의 유혹, 그리고 에덴 동산에서 추방당하는 아담과 이브의 이야기가 그려져 있다.

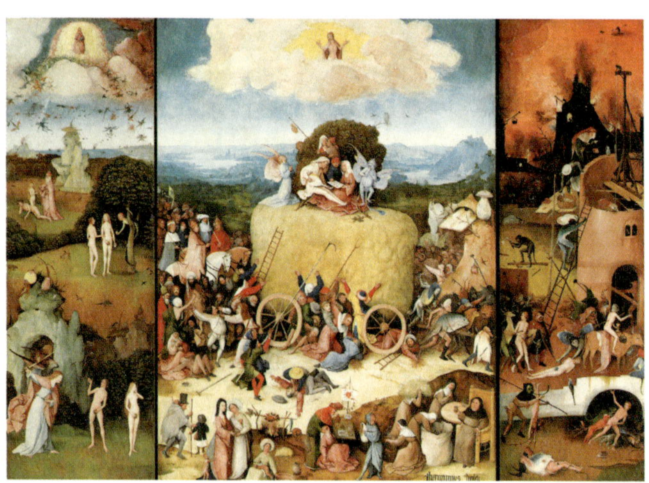

Haywain, Hieronymus Bosch, 1516년, 패널에 유채,
중앙 패널 135×100cm , 양옆 패널 135×45cm, Room 56A

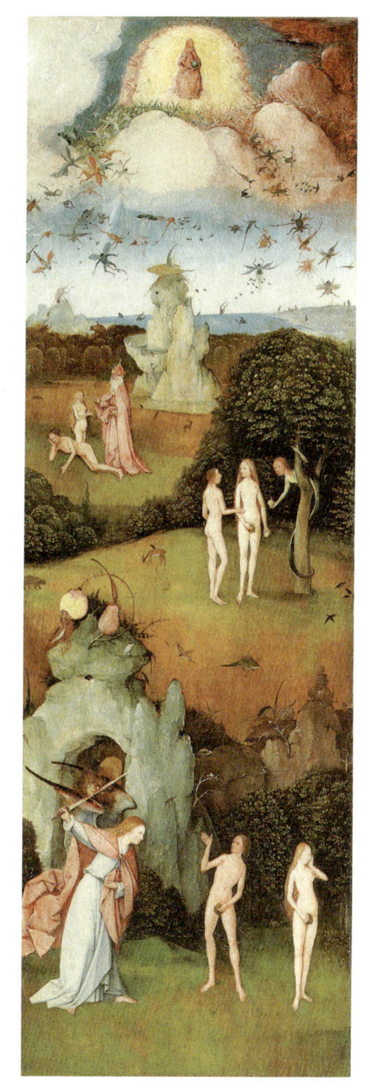

〈건초 수레〉 왼쪽 패널 '지상낙원'

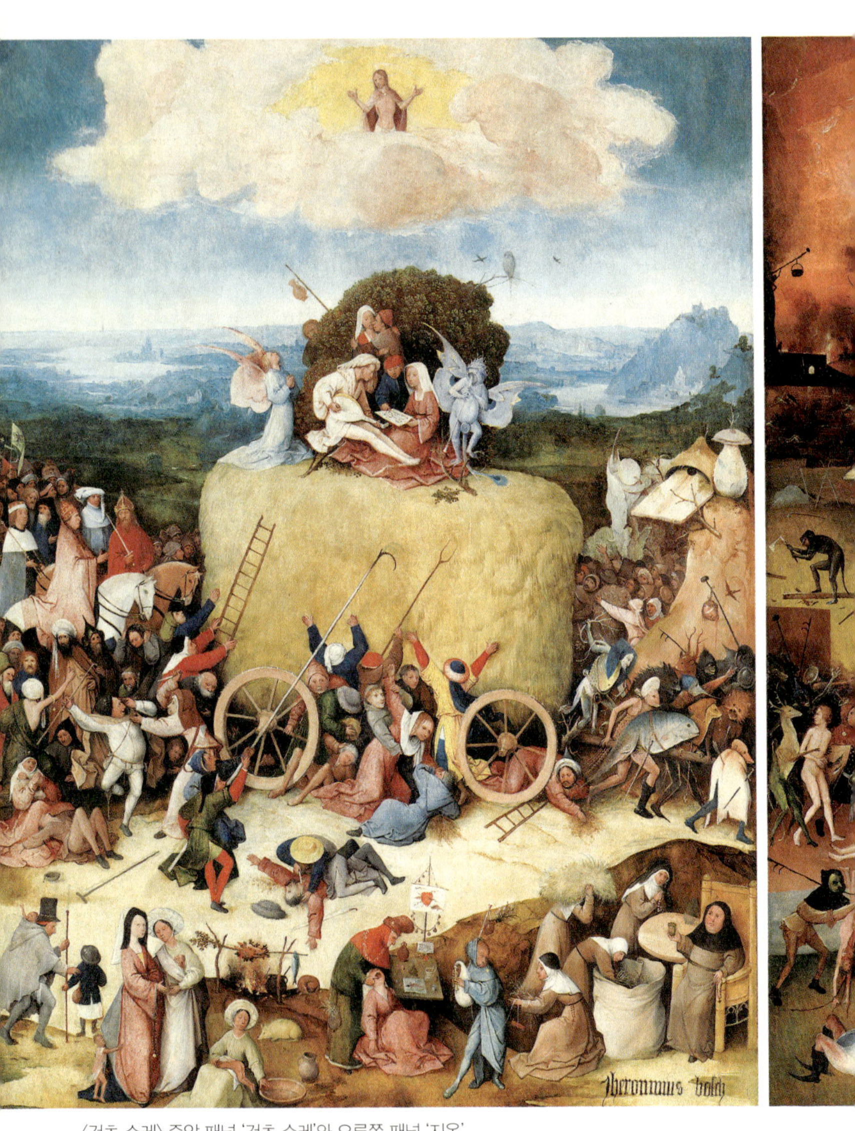

〈건초 수레〉 중앙 패널 '건초 수레'와 오른쪽 패널 '지옥'

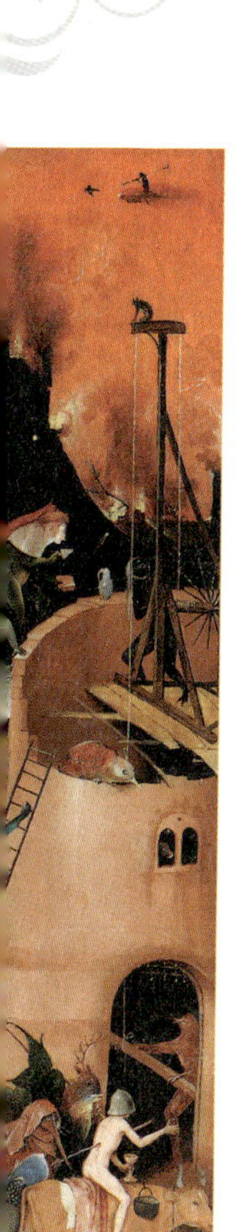

중앙 패널인 '건초 수레'에는 건초 수레 위 연인들의 모습을 그린 것으로, 엄청나게 많은 양의 건초 더미를 실은 수레가 어딘가로 향하고 있고, 그 주변으로 많은 무리들이 행렬을 지어 따르고 있으며, 세상 사람들이 살아가는 다양하고 시끌벅적한 이야기들이 주변에 그려져 있다.

오른쪽 패널은 '지옥'을 묘사하고 있는데, 악마에게 고통받고 있는 사람들의 모습을 표현하고 있다. 이 그림에서 악마는 동물과 식물의 형태를 하고 있는데, 실제로 존재하는 것들이 아닌, 화가가 만들어 낸 것이다.

이 작품은 '인간은 세상이라는 건초 더미에서 각자 자신의 능력만큼의 건초를 가져간다'는 플랑드르의 속담을 인용한 것으로, 중앙의 '건초 수레' 부분을 보면, 인간의 욕심이 지나쳐 엄청나게 많은 양의 건초 더미를 싣고 가지만, 결국은 그것이 '지옥'으로 가는 길이었다는 것을 풍자해서 보여 주고 있다.

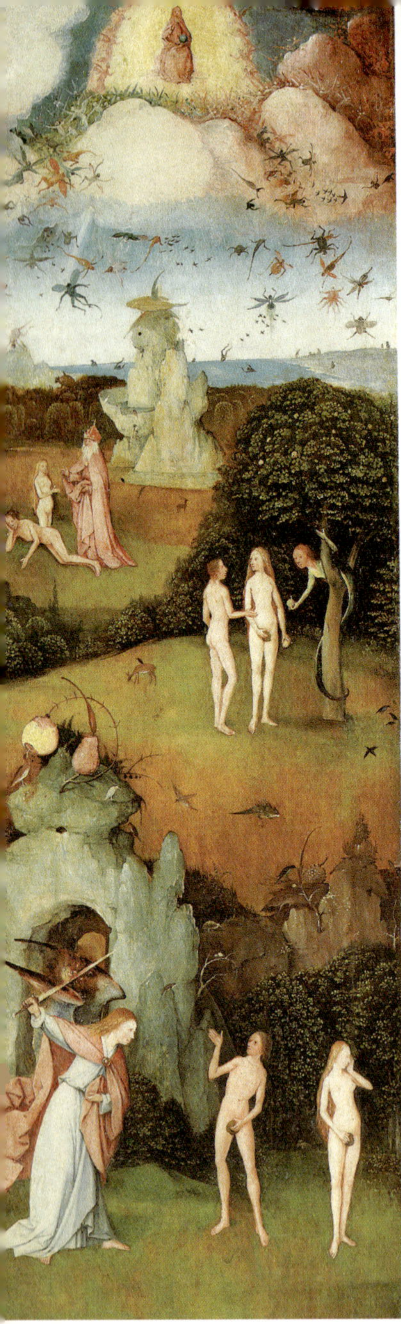

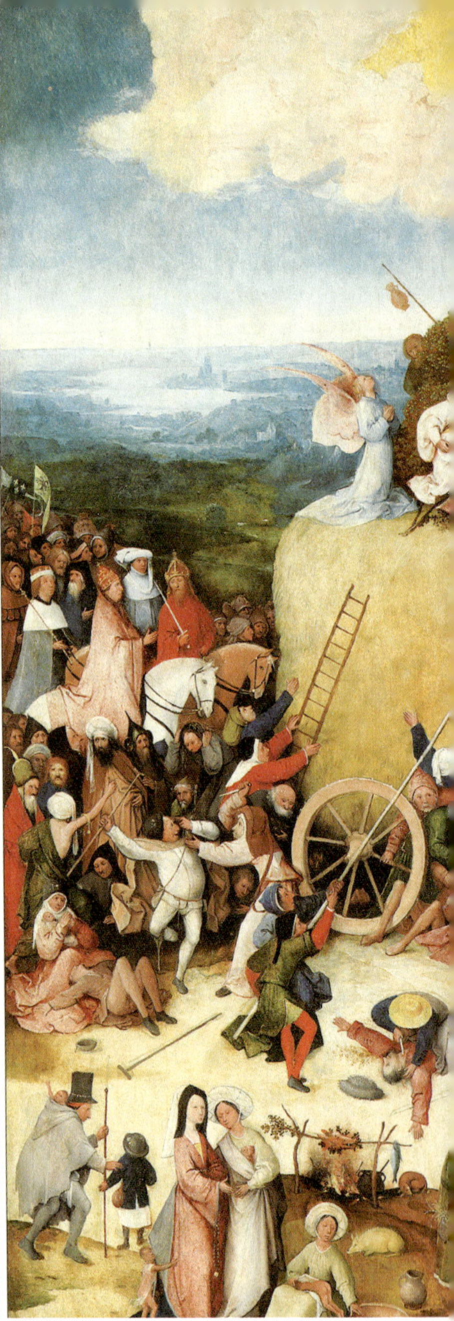

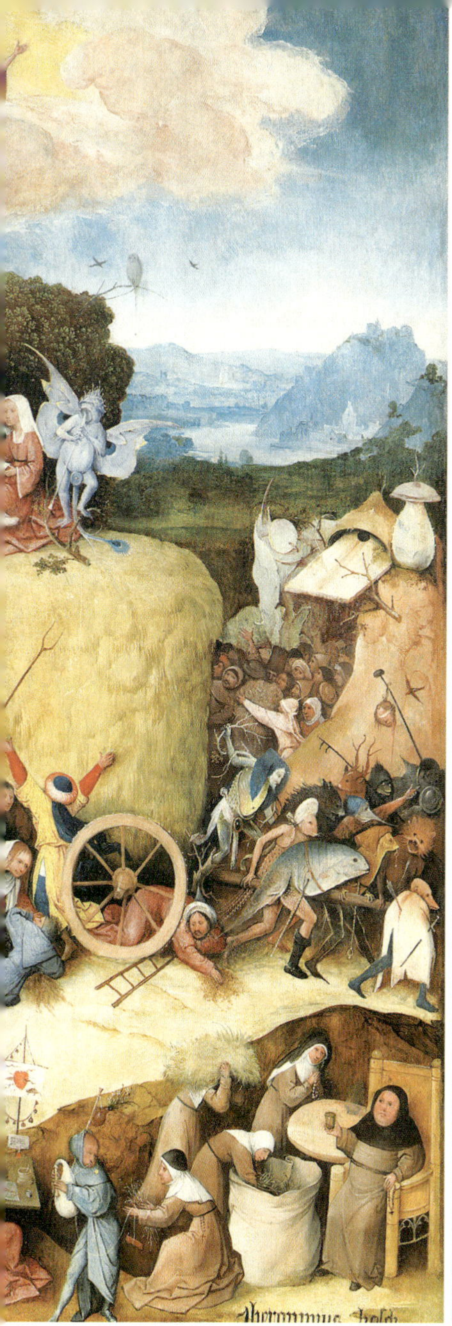

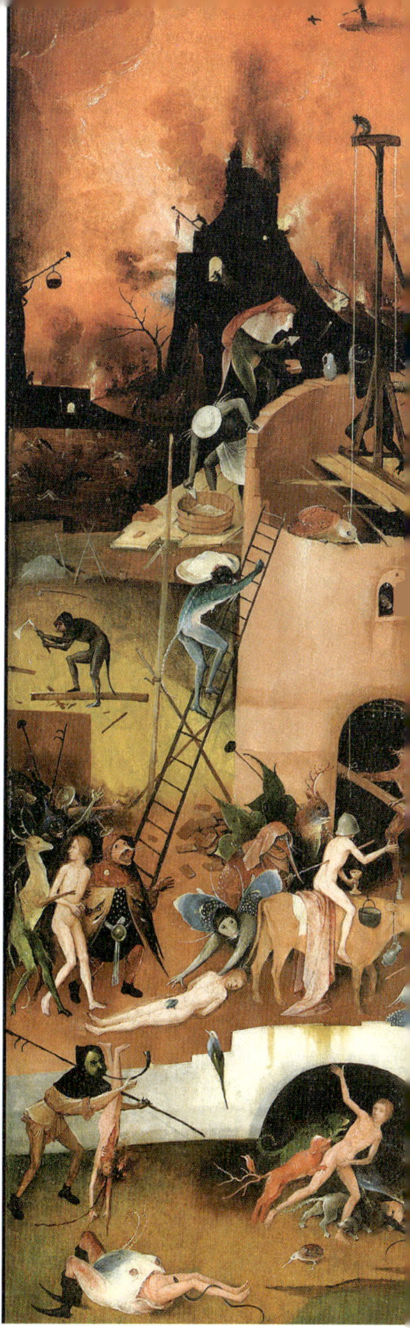

황제 카를 5세의 기마상

북이탈리아 출신의 티치아노는 베네치아파의 회화적인 색채주의를 확립해서 바로크 시대를 열어간 선구자다.

이 작품은 티치아노가 아우크스부르크 궁에서 궁정 화가로 활동하던 시기에 그린 초상화다. 밀베르크 전투에서 프로테스탄트 진영을 물리친 카를 5세를 기념하기 위해 그린 기마상으로, 이 그림이 그려진 이후 이러한 구성과 표현 방식은 후대의 화가들에게 기마상을 그리는 기준이 되었다.

티치아노는 카를 5세의 모습을 잘 담기 위해서, 홀쭉하게 야윈 황제의 턱을 되도록 드러나지 않게 처리하고, 엄격해 보이는 얼굴로 표현했다. 또한 황혼의 풍경이 황제의 금속 갑옷에 두른 빨간 휘장과 조화를 이루며, 고독한 분위기를 만들어 낸다.

하이라이트와 반사광을 이용해 금속 갑옷이 더욱 빛을 발하며, 황제로서의 위엄을 보여 준다. 더불어 가톨릭 기사로서의 모습도 보여 주고 있는데, 황제가 들고 있는 창은 초기 기독교의 순교자이자 14성인 가운데 한 명인 성 게오르기우스의 무기를 상징한다.

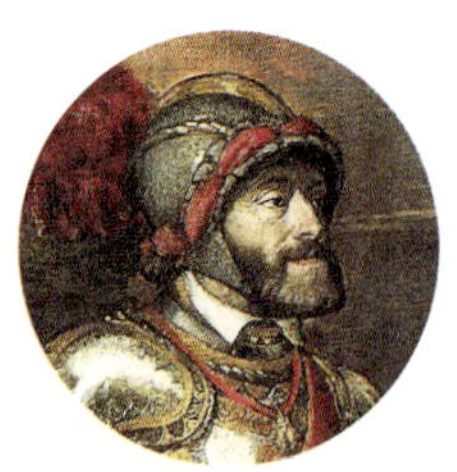

Charles V at Mühlberg, Vecellio Tiziano, 1548년, 캔버스에 유채, 335×283cm, Room 27

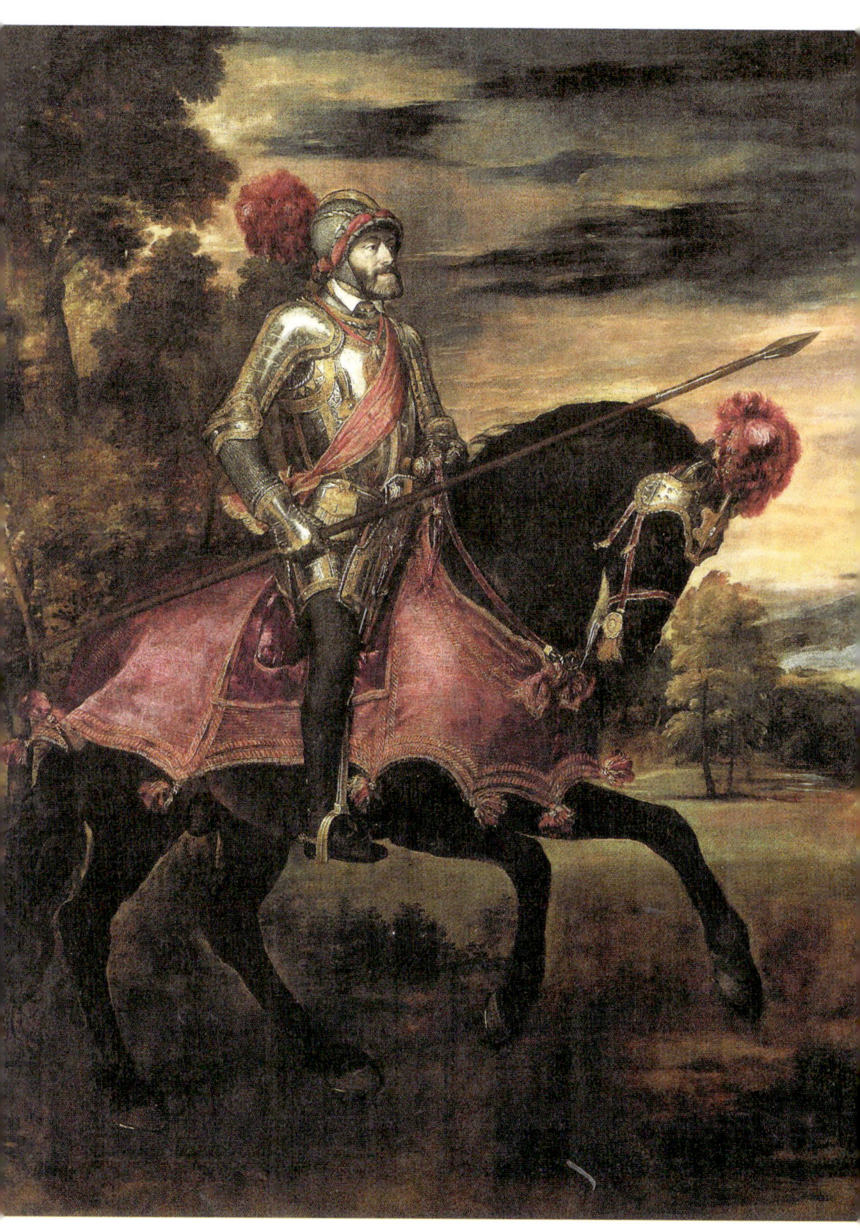

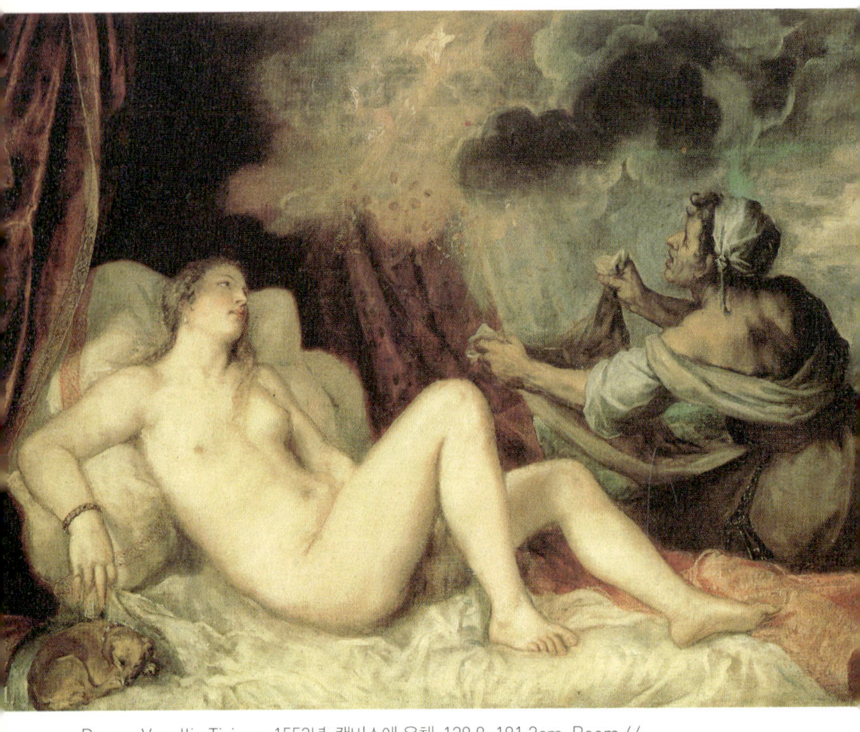

Danae, Vecellio Tiziano, 1553년, 캔버스에 유채, 129.8×181.2cm, Room 44

다나에는 그리스 신화에 나오는 아르고스의 왕 아크리시오스의 딸로, 아크리시오스는 자신의 딸이 낳은 아들에 의해 자신이 죽음을 맞이한다는 예언을 듣고 딸을 가둬 둔다. 하지만 하늘에서 이를 지켜보던 제우스가 황금 소나기로 변해 그녀의 두 무릎 사이로 스며들어 페르세우스가 태어나게 된다.

이 그림에서는 다나에가 옷을 벗은 채 침대에 누워 있고, 황금 소나기로 변한 제우스가 소나기가 되어서 내리고 있으며, 그녀의 늙은 유모가 하늘에서 내린 황금 소나기를 천으로 받고 있다.

아크리시오스는 제우스가 두려워 차마 아이를 죽이지는 못하고, 다나에와 함께 궤짝에 넣어 바다로 보낸다. 세리포스 섬으로 흘러간 두 사람은 그곳에서 살아가다, 다나에의 아들 페르세우스가 메두사를 제거하고 다시 고향 아르고스로 돌아오게 된다. 그리고 결국 예언대로 아크리시오스는 자신의 손자인 페르세우스가 던진 원반에 맞아 죽는다.

이 그림 속에 등장하는 유모는 신화 속의 인물은 아니다. 티치아노는 아마도 다나에의 모습을 더욱 아름답게 표현하기 위해 검은 노파를 유모로 그려 넣었을 것이다.

비너스와 아도니스

이 작품은 그리스 로마 신화를 소재로 하고 있다. 키프로스의 공주 미르라는 아름답기로 소문나 구혼자들이 줄을 이었지만 정작 그녀는 아버지를 사랑하고 있었다. 잘못된 사랑에 괴로워하던 미르라는 목숨을 끊고자 하지만 유모에 의해 살아나고, 유모의 도움으로 얼굴을 숨기고 아버지와 밤을 보내게 된다.

이 일로 미르라는 임신을 하게 되고, 뒤늦게 그 사실을 알게 된 아버지는 미르라를 죽이려고 한다. 하지만 신들은 그녀를 나무로 변하게 하여 목숨을 구해 주게 되고, 미르라는 아름다운 외모를 가진 아들 아도니스를 낳는다.

어느 날, 미의 여신 비너스는 실수로 큐피드의 화살에 맞아 아도니스에게 반하게 되고, 둘은 사랑에 빠진다. 아도니스는 사냥을 좋아했는데 비너스는 이날 사냥을 나가면 그가 위험해질 것을 예감하고 그에게 매달리며 만류한다. 이 그림은 사냥을 나가는 아도니스를 말리는 비너스의 모습을 묘사하고 있다.

하지만 아도니스는 비너스의 만류에도 불구하고 그녀가 자리를 비운 사이 사냥을 나가고, 결국 멧돼지에 받혀 죽는다. 아도니스가 죽으며 흘린 붉은 피에서 꽃이 피어났는데 바로 '아네모네'다. 그래서 아네모네 꽃은 '허무한 사랑'을 의미한다.

그림 속에는 과거와 현재, 미래가 모두 담겨 있다. 비너스에게 화살을 쏜 큐피드는 화살을 나무에 걸어둔 채 잠이 들었고, 하늘에서 내려오는 햇살은 운명의 시간이 다가오고 있음을 암시한다.

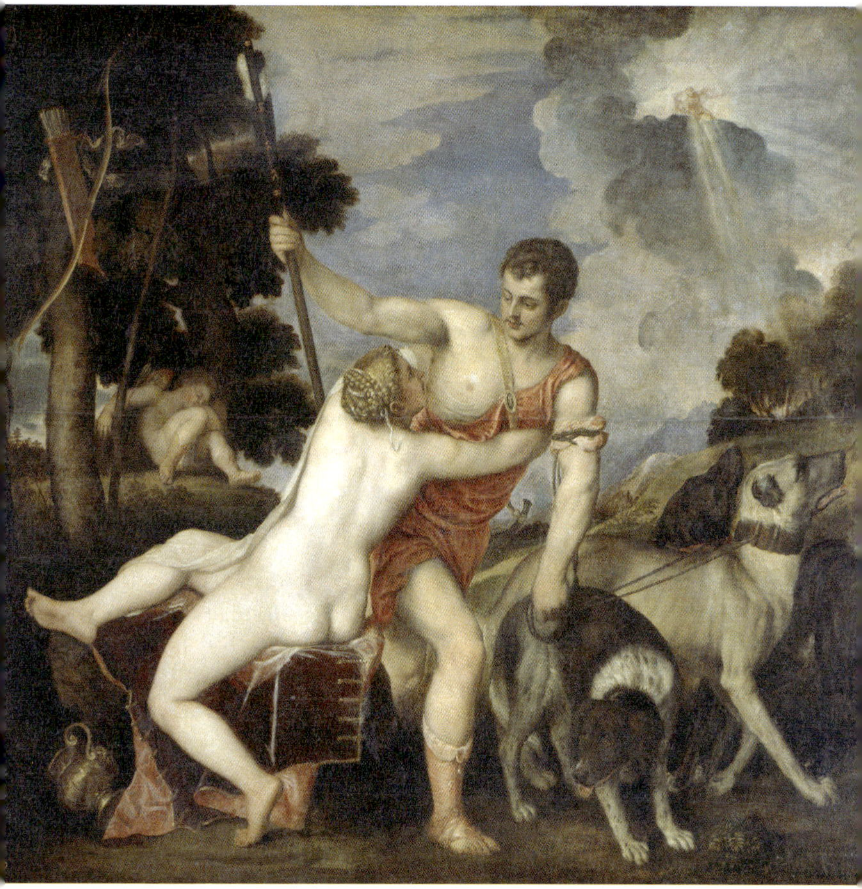

Venus and Adonis, Vecellio Tiziano, 1554년, 캔버스에 유채, 186×207cm

죽음의 승리

벨기에 브뤼셀 출신의 브뢰겔은 르네상스 플랑드르파의 가장 대표적인 화가이자 판화가다. 이 그림은 성경의 〈요한 계시록〉과 〈전도서〉를 근거로 온갖 속된 것들에 대한 죽음의 승리를 묘사하고 있다.

작품의 앞부분은 죽은 사람들의 모습을, 뒷부분은 앞으로 다가올 죽음을 묘사하고 있는데, 독특하게도 이미 죽은 사람을 더 밝은 빛으로 표현해 산 자와 죽은 자와의 전쟁에서 죽은 자의 승리를 표현하고 있다. 해골들이 말을 타고 다니면서 남녀노소를 막론하고 낫으로 인간들을 해치고 있는데, 이런 처참한 죽음을 왕도 피해갈 수 없었던 듯 화면 왼쪽 아래로 쓰러져 있는 왕의 모습도 보인다. 죽음 앞에서는 사회적 지위와 관계없이 누구나 공평하다는 것을 암시하고 있는 것이다.

당시의 플랑드르는 스페인이 권력을 이용해 개신교도들을 억누르는 상황이었으며, 흑사병과 같은 전염병이 한 번 휩쓸고 지나가면 마을 사람의 절반 이상이 죽어 나가는 것은 흔한 일이었다. 그래서 당시 사람들에게 죽음은 공포의 대상이었다.

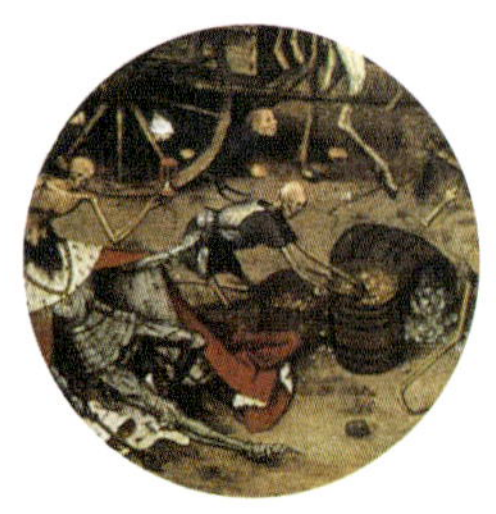

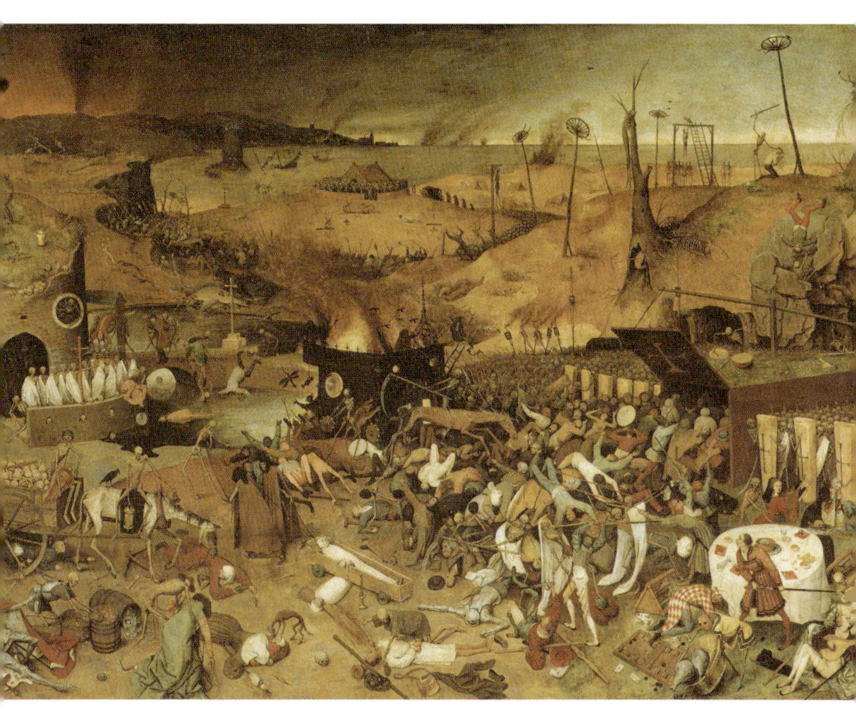

Triumph of Death, Pieter Bruegel, 1562년, 패널에 유채, 117×162cm, Room 56A

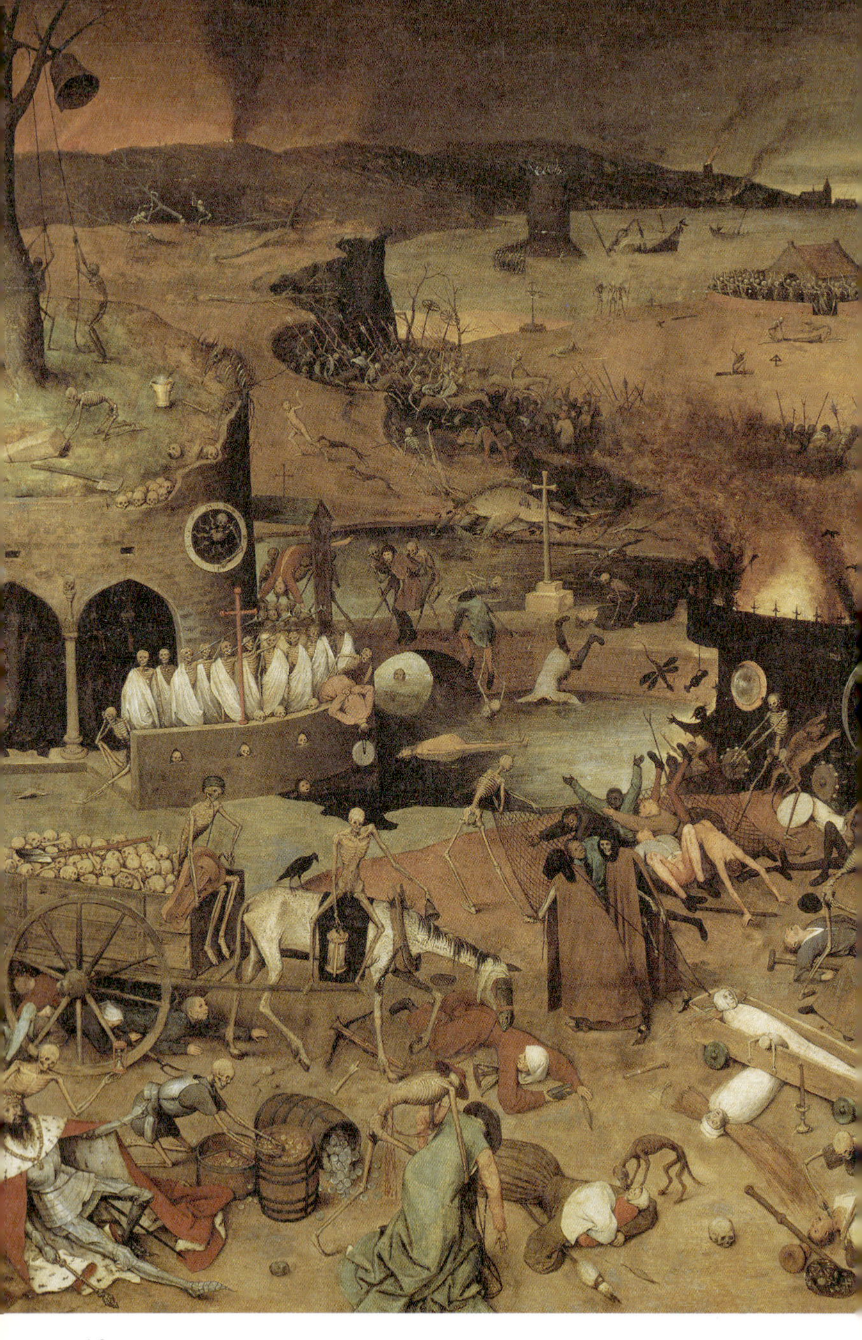

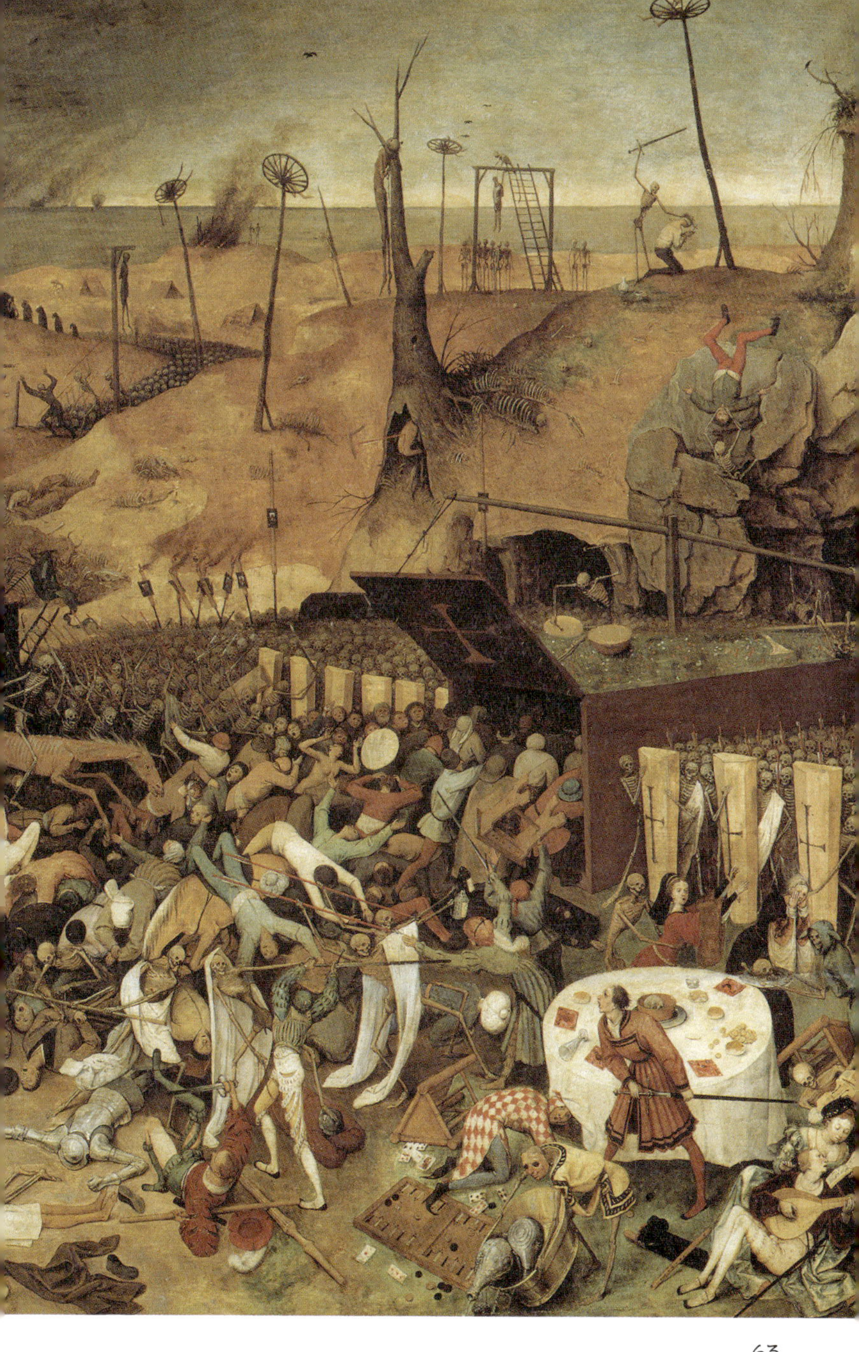

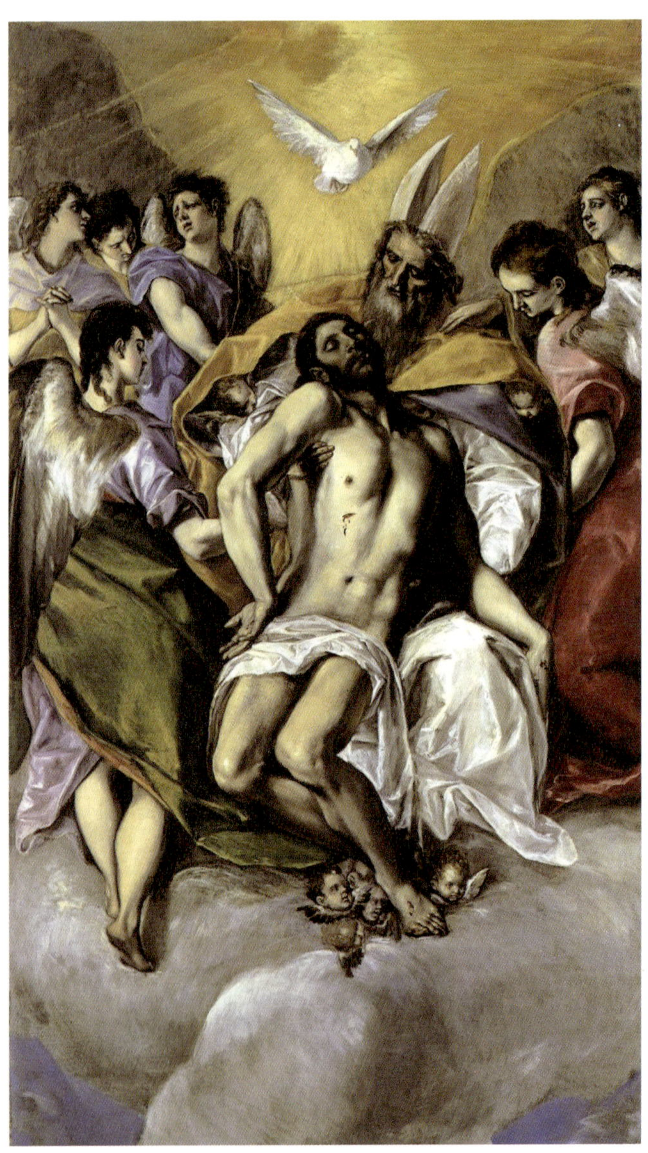

The Trinity, El Greco, 1577~1579년, 캔버스에 유채, 300×179cm, Room 86

삼위일체

그리스 출신의 엘 그레코는 스페인을 사랑하여 스페인을 그리다가 스페인에서 생을 마감한 화가로, 궁중 화가로도 활동했으며 후에 독일 표현주의에 영향을 끼쳤다.

이 작품은 톨레도의 산토 도밍고 안티구오 수도원의 제단화로, 성모 승천 대축일을 기념해 제작한 것이다. 이 작품은 그가 스페인에 처음 정착할 때 주문 받은 것이라 이탈리아풍의 성향이 남아 있는 것을 엿볼 수 있다. 또한 그가 톨레도에서 명성을 얻고 정착하는 데 도움이 된 작품이다.

그림을 보면 '성자'인 예수의 시신이 '성부'인 하느님의 무릎에 누워 있고, 이들을 둘러싸고 천사의 모습이 보인다. 또한 '성령'을 대변하고 있는 비둘기가 하늘에 그려져 있어, 성부와 성자와 성령의 삼위일체를 표현하고 있다.

하지만 이 작품을 본 톨레도 시민들에게 그림 속 죽은 예수의 모습은 낯설게 느껴졌다. 기존에 보던 야윈 모습이 아닌, 건강한 남성의 모습으로 묘사되었기 때문이다. 또한 예수를 안고 있는 성부의 관이 그리스 정교회 사제들이 쓰는 관이었기 때문에 더욱 반발심을 일으켰다. 시민들은 물론 그림을 주문했던 추기경의 요구에도 불구하고 엘 그레코는 그림 수정을 거절했다.

그는 주문자의 요구대로 그림을 그리는 것은 예술가의 자세가 아니라고 생각했다. 그 덕분에 엘 그레코는 자신만의 특별한 회화 스타일을 구축할 수 있었다.

가슴에 손을 얹은 기사

엘 그레코는 이 그림을 통해 전형적인 스페인 귀족의 모델을 창조
했다. 작품 속 기사는 왼손으로 검을 쥐고 있고, 오른손을 가슴에
얹고 있어 '기사의 서약'이라고 불리기도 한다. 마치 기사 작위를
부여 받고 있는 의식 중의 한 장면처럼 묘사되었기 때문이다.

흰 블라우스와 소매 등의 섬세한 표현이 뛰어나고, 가는 금목걸이
와 금색의 칼자루 등이 어둠 속에서 빛나며 기사의 귀족적인 풍모
를 보여 준다. 게다가 시선 또한 그림 앞에 서 있는 인물을 뚫어지
게 쳐다보고 있어 그의 시선에 사로잡히게 된다.

또한 얼굴과 더불어 손에도 시선이 집중된다. 엘 그레코 그림의
특징은 이야기를 하는 것 같은 손의 표현력인데, 이 그림 역시 손
끝까지 섬세한 표현을 통해, 마치 자신이 기사가 되었다는 이야기
를 전달하는 것 같은 느낌을 받게 된다.

이 그림의 주인공이 누구인지는 확실하지 않지만, 산티아고의 돈
후안 드 실바 또는 《돈키호테》의 저자인 세르반테스라고 추측하
고 있다.

The Nobleman with his Hand on his Chest, El Greco, 1580년, 캔버스에 유채, 74×58cm

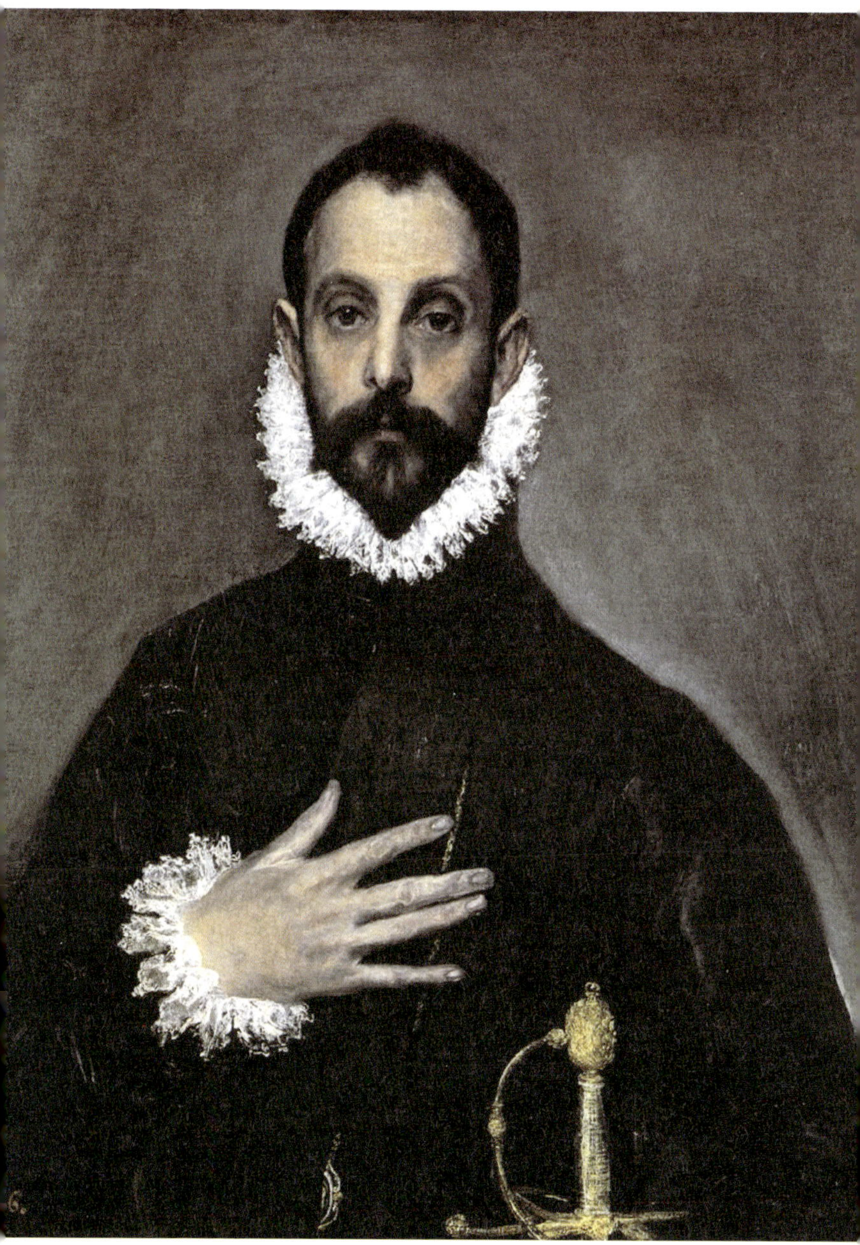

비너스와 아도니스

이탈리아 화가인 베로네세의 본명은 파올로 칼리아리로, 베로나 출신이기 때문에 베로네세라고 불렸다. 베로네세는 주로 베네치아에서 활동했던 화가로, 티치아노의 영향을 많이 받았다.

이 작품은 베로네세의 말기 작품 중 하나로, 그리스 신화 속 비너스와 아도니스의 사랑을 주제로 그린 그림이다.

사냥을 좋아하는 아도니스와 이 날 사냥을 나가면 죽을 것을 예감한 비너스가 그의 사냥을 말려 보지만 아도니스는 끝내 사냥을 나가 죽음을 맞이하게 된다. 베로네세는 사냥에서 죽은 아도니스를 안고 있는 비너스의 모습을 그려 두 사람의 사랑이 끝나 버린 장면을 묘사했다.

비너스 옆의 아이는 큐피드다. 이 비극은 큐피드의 화살로부터 시작되었는데, 비너스와 큐피드가 함께 놀던 중 큐피드의 화살에 비너스가 상처를 입었고, 이 화살에 맞으면 무조건 처음 보는 사람과 사랑에 빠지는데, 비너스가 상처를 입은 후 가장 처음 만난 사람이 바로 아도니스였던 것이다. 비너스는 아도니스가 사냥을 하던 중 죽을 것을 알면서도 사랑을 피할 수 없었고, 운명을 거스를 수도 없었다.

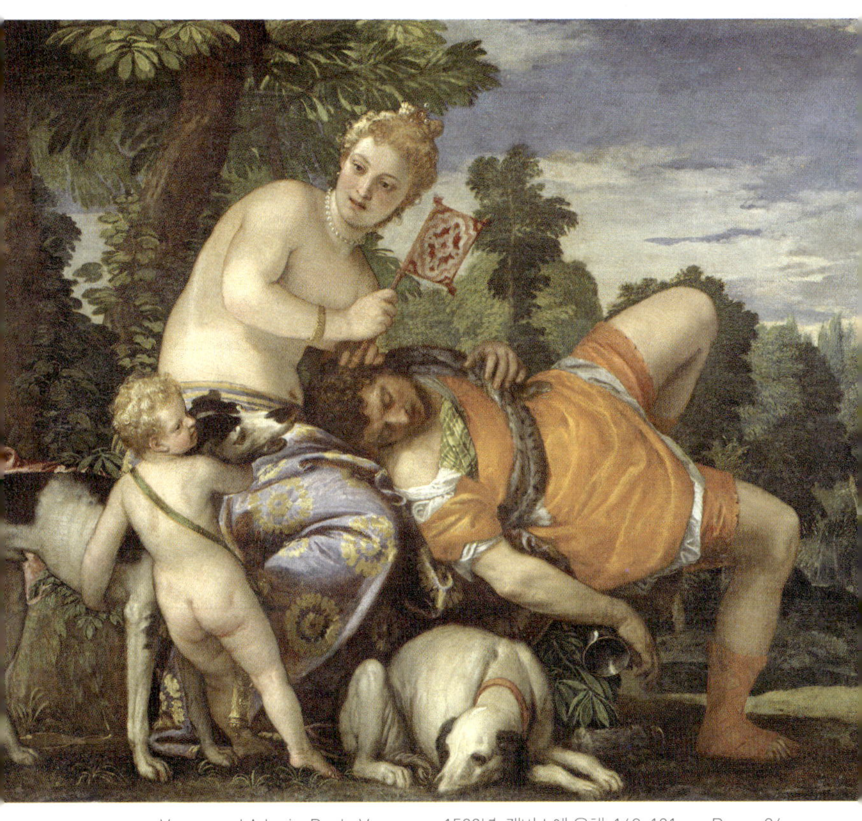

Venus and Adonis, Paolo Veronese, 1580년, 캔버스에 유채, 162x191cm, Room 26

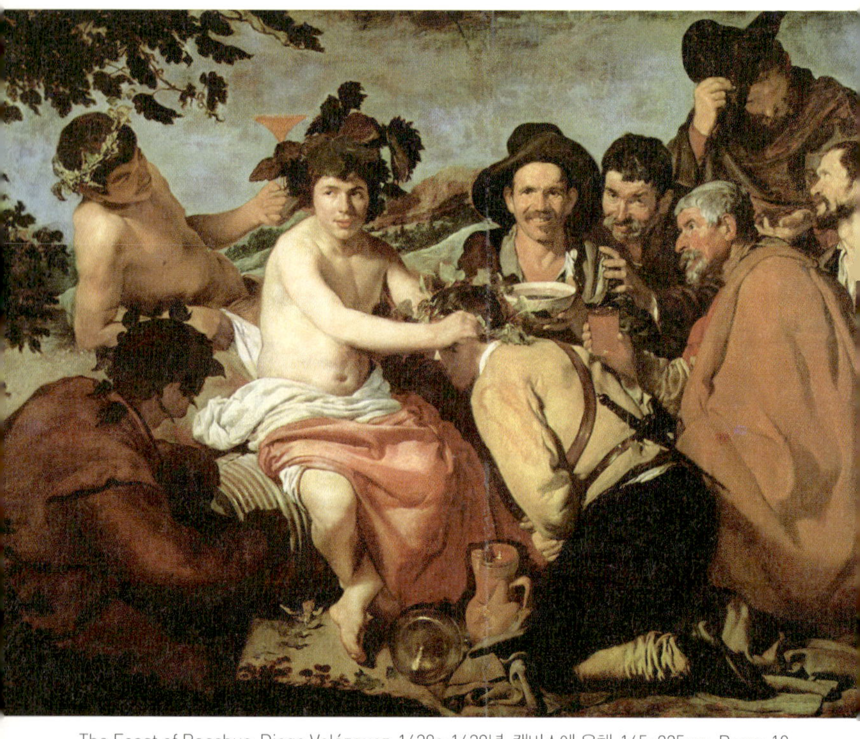

The Feast of Bacchus, Diego Velázquez, 1628~1629년, 캔버스에 유채, 165×225cm, Room 10

술꾼들(바쿠스의 승리)

스페인 출신의 벨라스케스는 17세기 스페인의 바로크를 대표하는 인물로, 궁정 화가로 활동하며 정물화나 초상화 등을 주로 그렸다. 이 그림은 필리페 4세의 여름 침실에 걸기 위해 그려진 것으로, 그리스 신화를 주제로 하고 있다. 벨라스케스가 그린 최초의 신화 주제의 그림이기도 하다.

그림에 등장하는 바쿠스는 제우스와 인간인 세멜레의 아들로, '포도주의 신'이며 풍요의 신, 기쁨의 신으로 알려져 있다. 이 그림에서 바쿠스는 포도나무 가지로 만든 관을 쓰고 있는 젊은 남성으로 표현되어 있다. 바쿠스가 술꾼들과 함께 술판을 벌이고 있는 모습을 묘사하고 있는데, 바쿠스를 따르며 그를 둘러싸고 있는 사람들은 시골 농부들로 평범하게 묘사되고 있다.

이 그림이 그려진 17세기만 해도 근엄하거나 살짝 미소 짓는 정도의 인물 표현이 전부였는데, 벨라스케스는 술에 취한 사람들의 모습을 활짝 웃는 표정으로 사실적으로 표현했다. 그래서 마치 이 그림이 그리스 신화 속의 내용이 아니라, 그저 평범한 사람들의 일상을 그린 것 같은 착각에 빠지게 한다. 이 작품은 벨라스케스의 초기 작품들 중 걸작으로 손꼽힌다.

불카누스의 대장간

이 작품은 벨라스케스가 이탈리아에 머물
때 그린 그림 중 하나로, 누군가에게 의뢰
를 받아 그린 것이 아니라 본인 스스로 그
리고 싶어서 그린 것이다.

이 그림은 아폴로 신이 비너스의 남편인
불카누스의 대장간에 들러 비너스가 마르
스와 바람을 피운다는 사실을 알려 주고
있는 장면을 그리고 있다.

불카누스는 불을 다스리고 불로 무엇이든
만들어 낼 수 있는 신이다. 비너스는 불카
누스와 결혼한 지 얼마 되지 않아 외도를
시작하는데, 이런 아내의 불륜 소식을 들
은 불카누스는 충격적인 사실에 멍한 표정
으로 아폴로의 이야기를 듣고 있다.

그림 가장 왼편에 주황색 옷을 입은 인물
이 아폴로이고, 그의 옆에서 놀라는 표정
을 짓고 있는 인물이 바로 불카누스다.

이 작품은 이탈리아 여행 중에 그려진 만
큼, 당시 로마에서 활동하던 대가인 카라
바조의 영향을 많이 받았다.

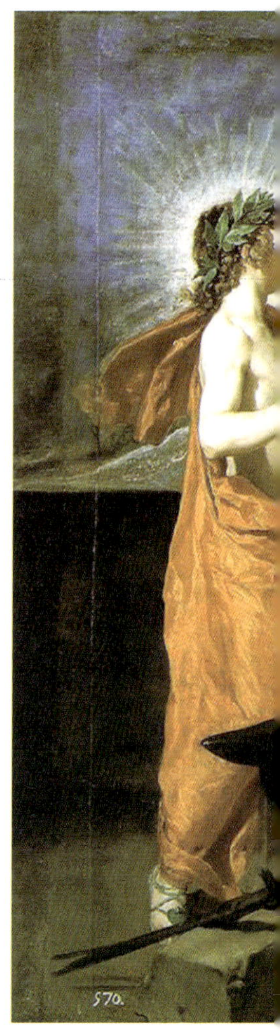

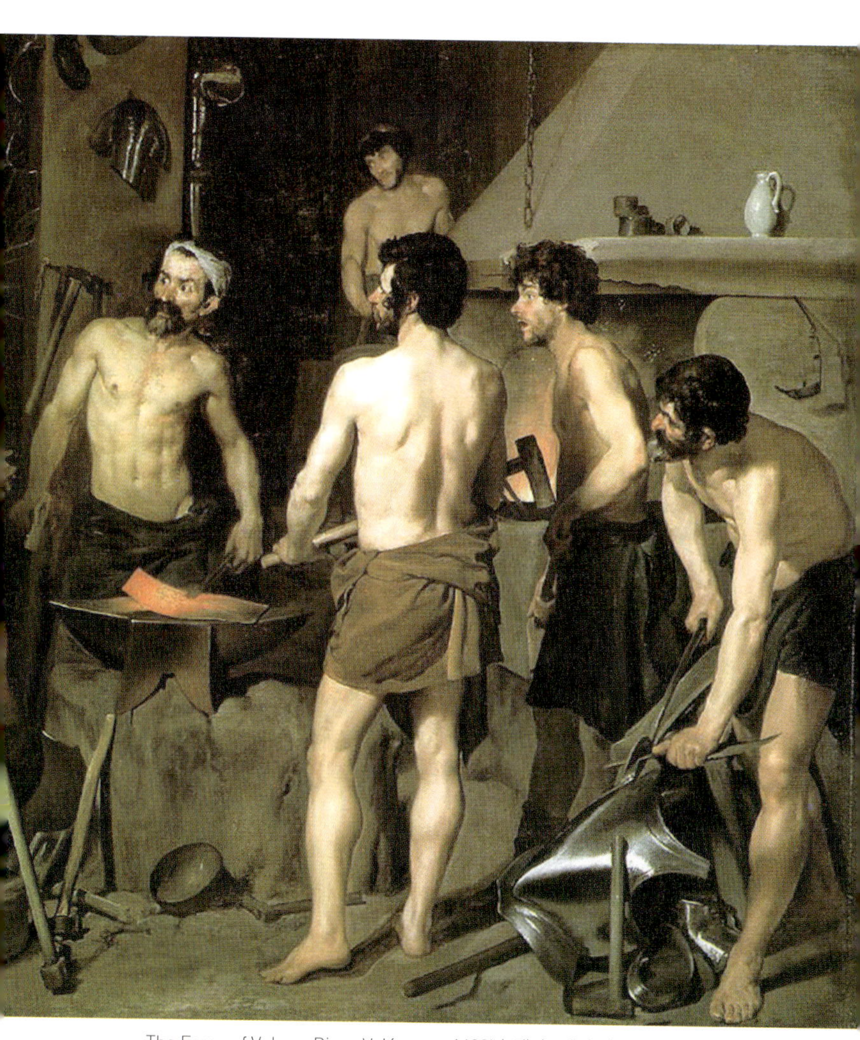

The Forge of Vulcan, Diego Velázquez, 1630년, 캔버스에 유채, 223×290cm, Room 11

삼미신

벨기에 출신의 루벤스는 렘브란트와 함께 플랑드르 바로크 미술을 대표하는 화가다.

이 작품은 루벤스의 말기 작품 중 하나로, 루벤스가 팔지 않고 죽을 때까지 보관하고 있던 작품이다. 그림에는 세 명의 미의 여신이 등장하는데, 이들은 사랑의 신 아프로디테(비너스)를 섬기는 기쁨의 여신들로 제우스와 바다의 여신 사이에서 태어난 아글라이아, 탈레이아, 유프로시네를 말한다. 루벤스는 종교화나 역사화, 그리스 신화를 주제로 한 그림을 많이 그렸는데, 특히 삼미신에 관한 주제로 그림을 많이 그렸다.

이 작품에서는 루벤스 회화의 특징인 풍만한 여성미가 극대화되어 있다. 그리고 바로크 양식을 통해 화려한 장식들이 화면을 꽉 채우고 있는 것이 특징이다. 또한 밝은 빛과 색감을 통해 화려하고 관능적인 모습을 더욱 극대화했다.

이 그림에서 가장 왼쪽에 있는 여신의 얼굴은 루벤스가 재혼했던 헬레나 푸르망의 모습이다. 그녀는 루벤스보다 무려 37세나 어린 여인이었는데, 루벤스의 작품에 모델로 등장하며 그에게 많은 영감을 주었다.

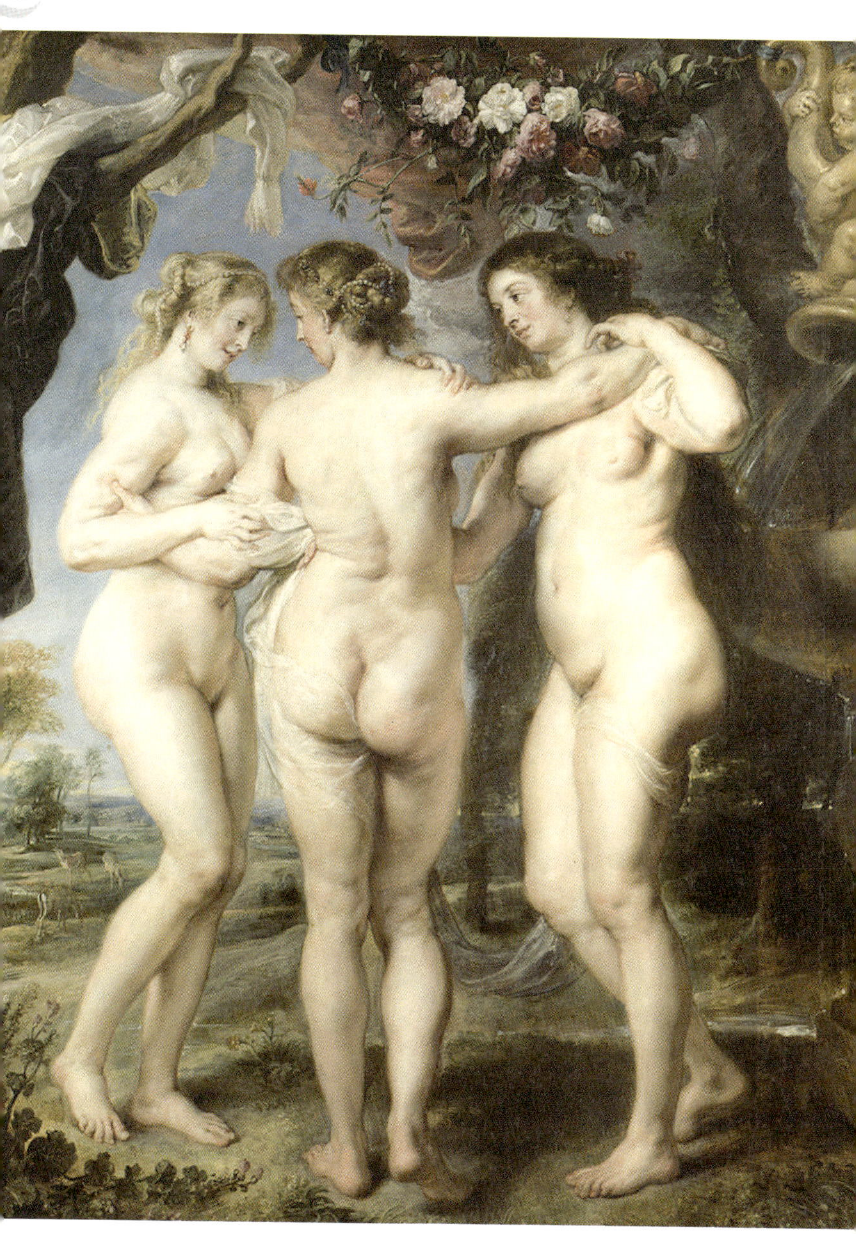

The Three Graces, Peter Paul Rubens, 1630〜1635년, 패널에 유채, 220.5×182cm, Room 29

브레다의 함락

이 작품은 벨라스케스가 이탈리아에서 돌아온 직후에 그린 그림으로, 스페인 군대가 네덜란드 남부 도시인 브레다를 함락시킨 사건을 그리고 있다.

하지만 그림을 보면, 승자와 패자가 양쪽으로 나뉘어 있을 뿐 승자로서 승리에 찬 모습이나 패자로서 슬픔에 찬 모습이 대조를 이루고 있지는 않다. 단지 패전한 네덜란드에서 승리한 스페인에게 성의 열쇠를 건네주는 것으로 전쟁에 패했음을 보여 줄 뿐이다. 게다가 승리한 스페인 군대의 장군 역시 말에서 내려 패자에게 관용을 베풀어 주고 있다.

이 작품은 마드리드의 부엔 레티로 궁에 있는 '알현의 방'을 장식하기 위한 그림 중 하나로 그려졌다. 또한 벨라스케스가 그린 유일한 역사화이기도 하다.

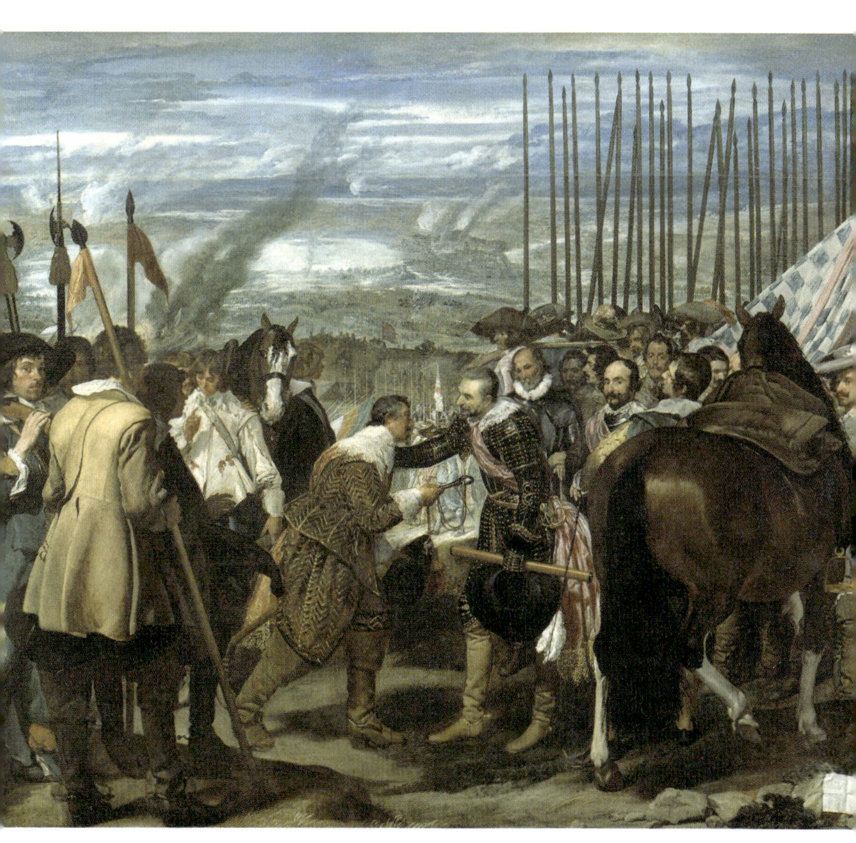

The Surrender of Breda, Diego Velázquez, 1635년, 캔버스에 유채, 307×367cm, Room 9A

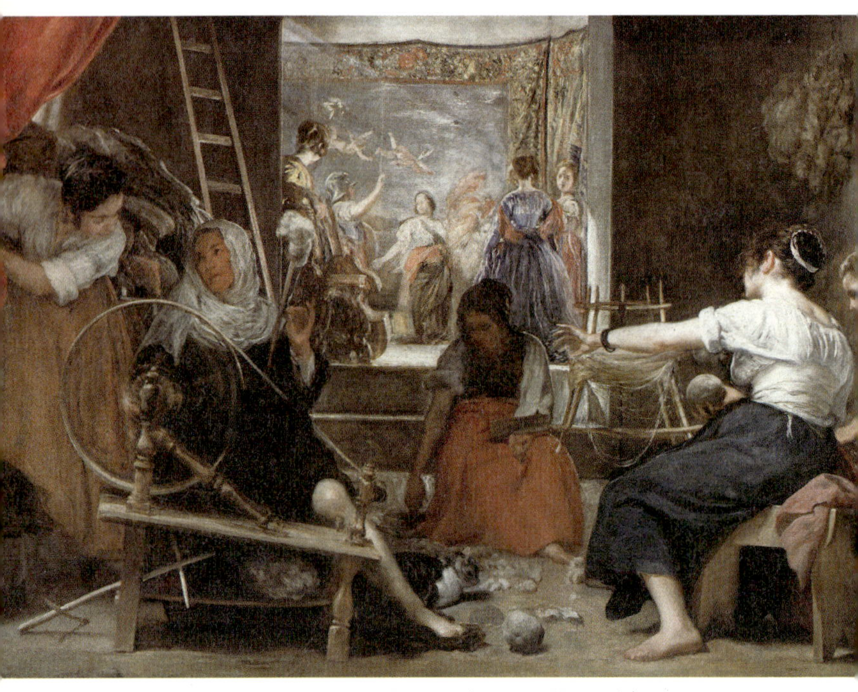

The Spinners or The Fable of Arachne, Diego Velázquez, 1655~1660년,
캔버스에 유채, 220x289cm, Room 15A

실 잣는 사람들

이 그림은 아라크네에 관한 그리스 신화를 묘사하고 있다. 리디아의 염색 명인인 이드몬의 딸 아라크네는 베 짜는 솜씨가 뛰어나 수공예의 여신 아테나보다 자신의 솜씨가 낫다고 자랑했다.

이 소문을 들은 아테나는 노파의 모습으로 변신해 그녀를 찾아가 신에게 겸손할 것을 충고하지만 아라크네는 이를 듣지 않았고, 결국 아테나와 베 짜는 솜씨를 겨루게 된다.

아테나는 베에 근엄한 신들의 모습과 신에게 도전했다 고통을 당하는 인간의 모습을 담은 반면, 아라크네는 제우스가 인간 여인들을 납치하거나 농락하는 등 신들의 방탕한 모습을 짜 넣었다.

아테나는 아라크네의 솜씨가 뛰어나다는 것을 알았지만, 베에 수놓은 그림의 내용에 진노해 아라크네의 베를 갈기갈기 찢어버렸다. 모욕을 느낀 아라크네는 목을 매 죽으려고 했지만 아테나는 아라크네의 죽음조차 허락하지 않고 그녀를 거미로 만들어 영원히 베를 짜게 했다. 아라크네는 그리스어로 '거미'를 뜻한다.

이 그림은 두 가지 이야기를 담고 있다. 앞부분에는 아테나와 아라크네가 베를 짜는 시합을 묘사하고 있고, 뒷부분에는 갑옷을 입은 아테나가 고개를 돌린 모습의 아라크네를 응징하는 모습이 담겨 있다. 이 작품은 부엔 레티로 궁에 보관되다가 1891년 프라도 미술관의 소장품이 되었다.

시녀들

이 작품은 벨라스케스의 최대 걸작이자 프라도 미술관에서도 손 꼽히는 작품으로 알려져 있다.

언뜻 보면 이 그림은 시녀들이 주인공인 것처럼 보이지만, 사실은 벨라스케스 자신이 주인공이라는 이야기가 있을 정도로, 시녀들 사이에서 커다란 캔버스에 그림을 그리고 있는 자신의 모습을 비중 있게 그려 넣었다.

〈시녀들〉이라는 작품의 제목은 벨라스케스가 지은 것이 아니라, 19세기에 들어서 프라도 미술관에서 〈시녀들〉이라는 이름으로 부르면서 제목으로 정해졌다. 아마도 작품 속에 시중을 드는 사람들이 많이 등장하기 때문일 것이다.

그림 속 벨라스케스는 커다란 십자가가 그려져 있는 상의를 입고 있는데 이 십자가는 산티아고 기사단의 표시로, 당시로서는 귀족들의 모임이었기 때문에 벨라스케스가 귀족이 되었음을 보여 주는 것이기도 하다. 하지만 벨라스케스가 기사단의 일원이 된 것은 이 그림을 그리고 나서 3년 후의 일이므로, 붉은 십자가가 있는 상의는 후대에 덧그린 것으로 보인다.

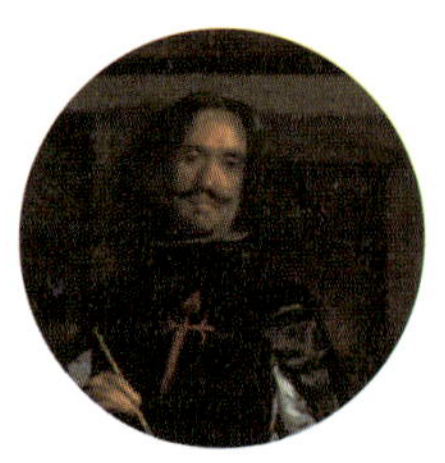

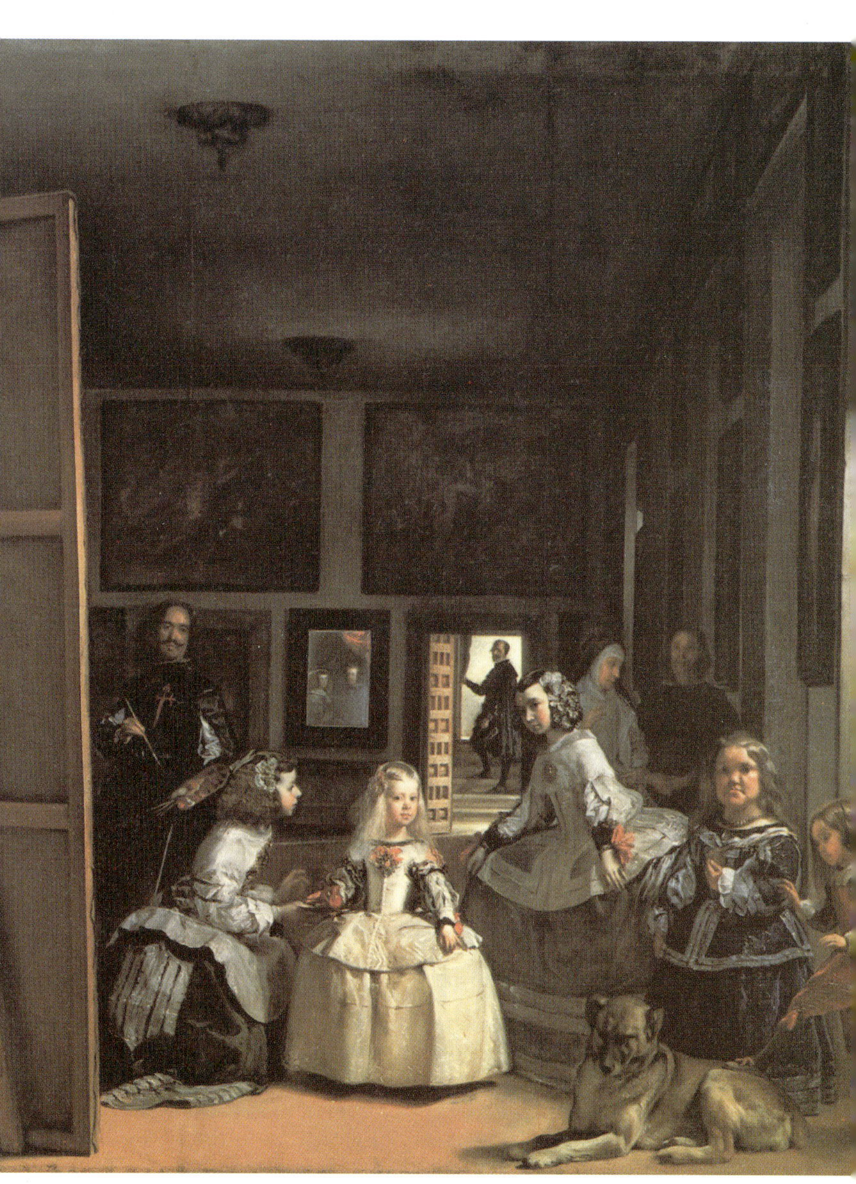

Las Meninas, Diego Velázquez, 1656년, 캔버스에 유채, 318×276cm , Room 12

마르가리타 공주

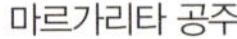

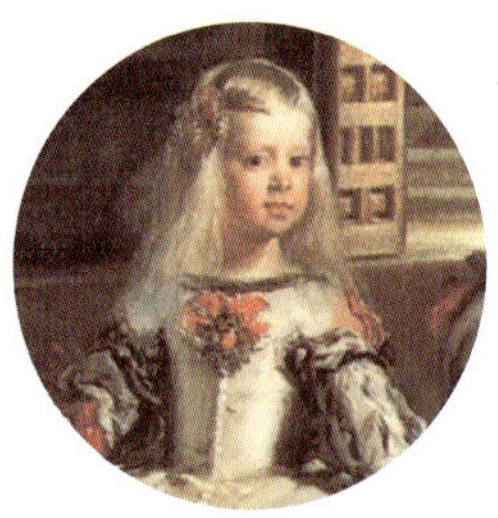

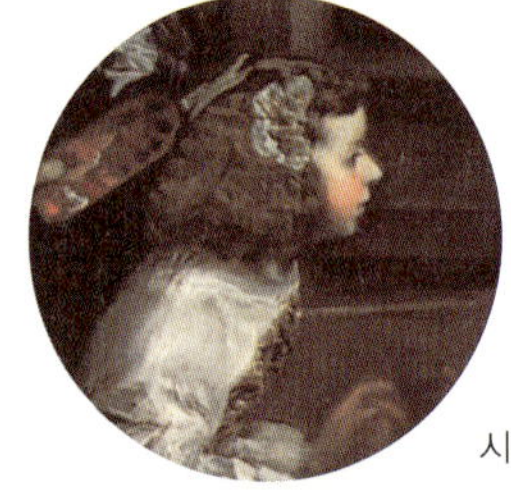

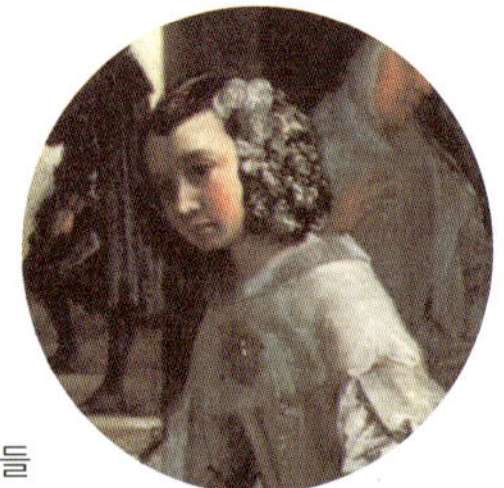

시녀들

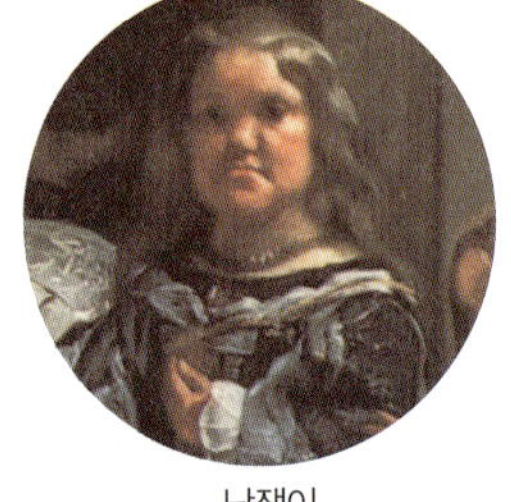

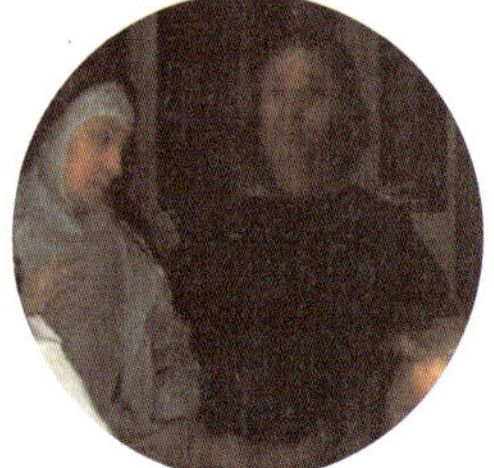

난쟁이

궁중 시종장

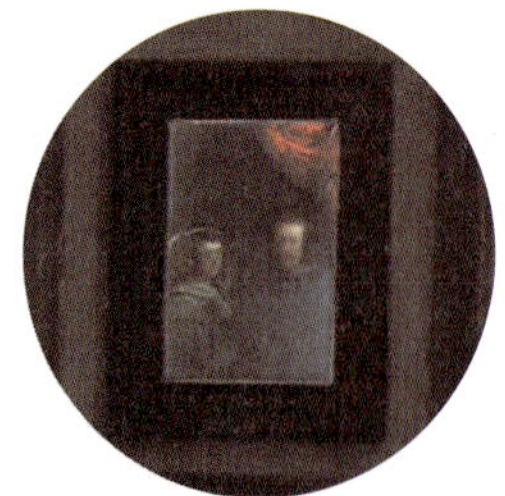

펠리페 4세와 왕비

벨라스케스의 오른쪽으로는 스페인 왕 펠리페 4세의 딸인 마르가리타 공주와 시녀, 난쟁이, 궁중 시종장 등이 등장한다. 또한 벽면에 걸린 작은 거울에는 펠리페 4세와 왕비의 모습도 보이는데, 왕과 왕비가 거울에 비치는 것은 화가가 캔버스에 왕과 왕비의 초상화를 그리고 있기 때문이다.

벨라스케스는 이 작품에서 마치 스냅 사진을 찍은 것 같은 세밀한 묘사와 탁월한 원근법으로 후에 입체파 등에 많은 영향을 주었다. 특히 피카소는 이 작품을 끊임없이 모사했다고 전해진다. 또한 이 그림은 1985년 전 세계 미술 전문가들이 뽑은 '미술사에서 가장 위대한 작품'으로 선정되기도 했다.

무염시태

스페인 안달루시아 세비야 출신의 무리요는 17세기 스페인 바로크 회화의 황금 시대를 대표하는 화가다. 특히 종교화를 많이 그렸던 무리요의 작품 중 이 작품은 성모 마리아를 소재로 한 작품 중에서 가장 아름다운 작품으로 손꼽힌다. 무리요는 성모 마리아의 무염시태 성모화를 많이 그렸는데, 그중에서도 이 작품이 걸작 중 하나로 손꼽힌다.

'무염시태'라는 말은 마리아가 예수와 마찬가지로 원죄를 지니지 않고 세상에 태어났다는 뜻이다. 그래서 당시 화가들은 순결한 성모의 모습을 주제로 한 종교화를 많이 그렸다.

이 그림에서 마리아는 초승달 위에 살포시 발을 딛고 서 있는 모습이다. 성모가 밟고 있는 초승달은 이브를 유혹하여 선악과를 따게 한 뱀을 상징한다. 그리고 순결을 상징하는 하얀색과 푸른색의 옷을 입고 있으며, 다소곳이 두 손을 가슴 위에 얹고 황홀한 표정을 짓고 있다. 더불어 따뜻한 색감의 배경은 성모의 자애로움을 더욱 잘 표현해 준다.

The Immacula te Conception of the Venerable, Bartolomé Esteban Murillo, 1678년, 캔버스에 유채, 274×190cm, Room 16

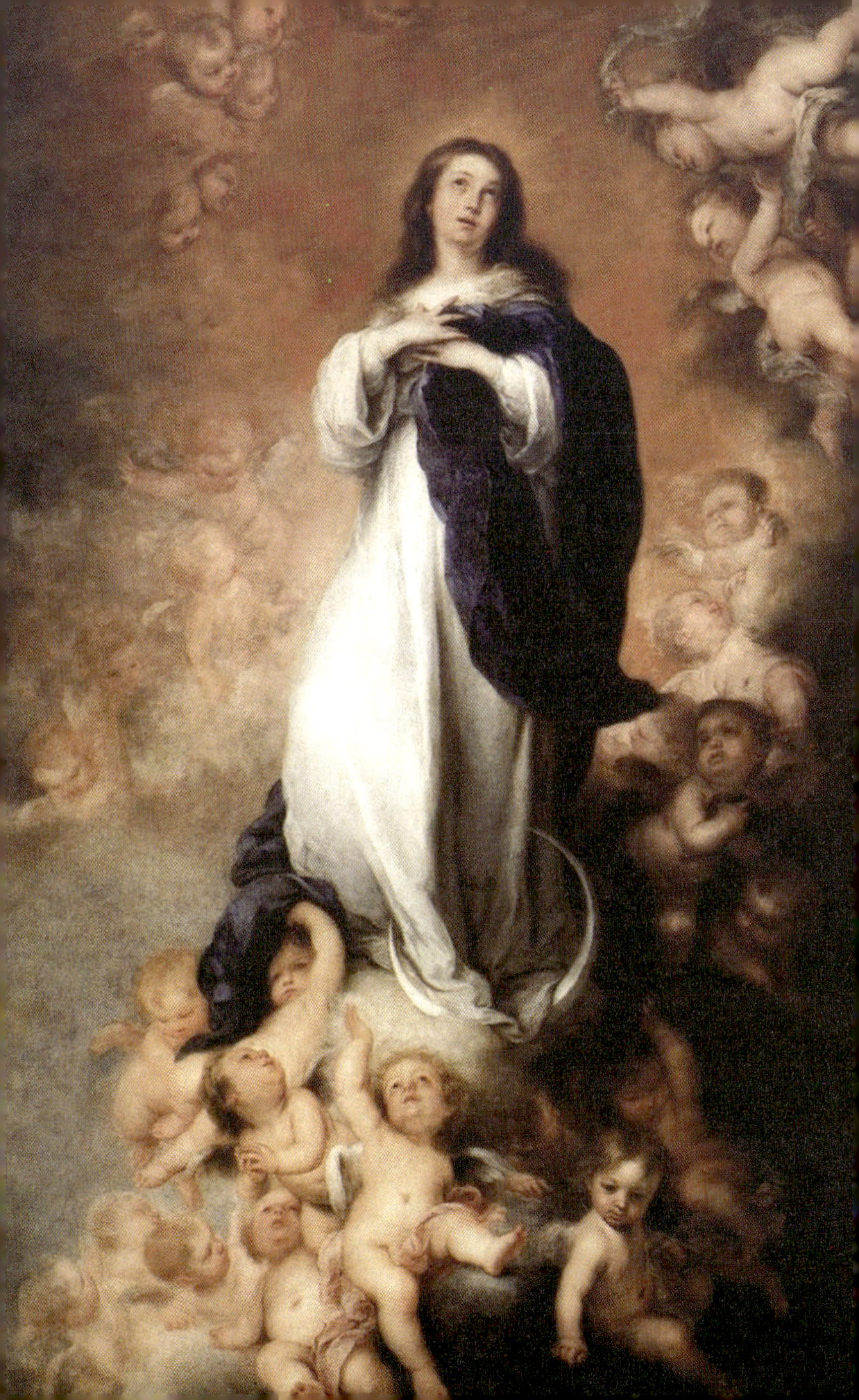

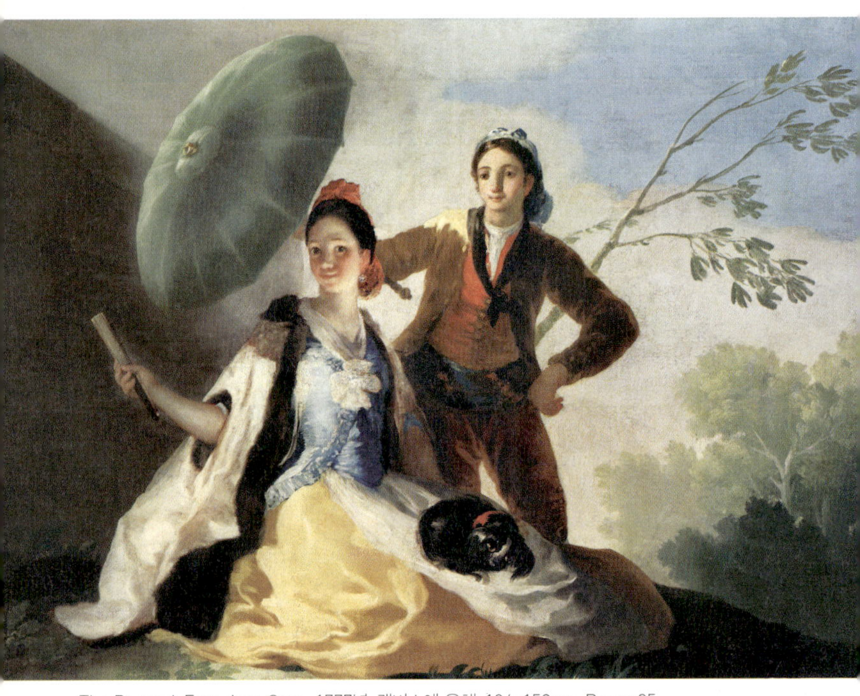

The Parasol, Francisco Goya, 1777년, 캔버스에 유채, 104×152cm, Room 85

파라솔

스페인 아라곤의 푸엔데토도스 출신인 고야는 18세기 후반에서 19세기 초반의 스페인 미술을 대표하는 화가다.

이 그림은 카를로스 4세로 즉위하게 될 스페인 왕자의 식당 벽을 태피스트리로 장식하기 위한 밑그림으로 그린 것으로, 한 젊은이가 한가롭게 쉬고 있는 여인에게 파라솔을 받쳐 주고 있다.

로코코 풍의 화사하게 그려진 이 그림의 주인공은 평범한 노동자들로, 파란색과 노란색의 조화가 돋보이는 집시 풍의 화려한 옷을 입고 있는 여인의 의상과 커다란 눈동자가 사랑스럽다.

고야의 초기 작품은 이 작품과 같이 화사하고 아름다운 색감으로 그려진 따뜻한 그림이 많았다. 고야의 초기 작품들은 후기 작품들에 비해서는 덜 유명하지만, 고야의 초기 작품과 후기 작품들을 둘러보면서 고야의 화풍의 변화도 함께 살펴보면 좋을 것이다.

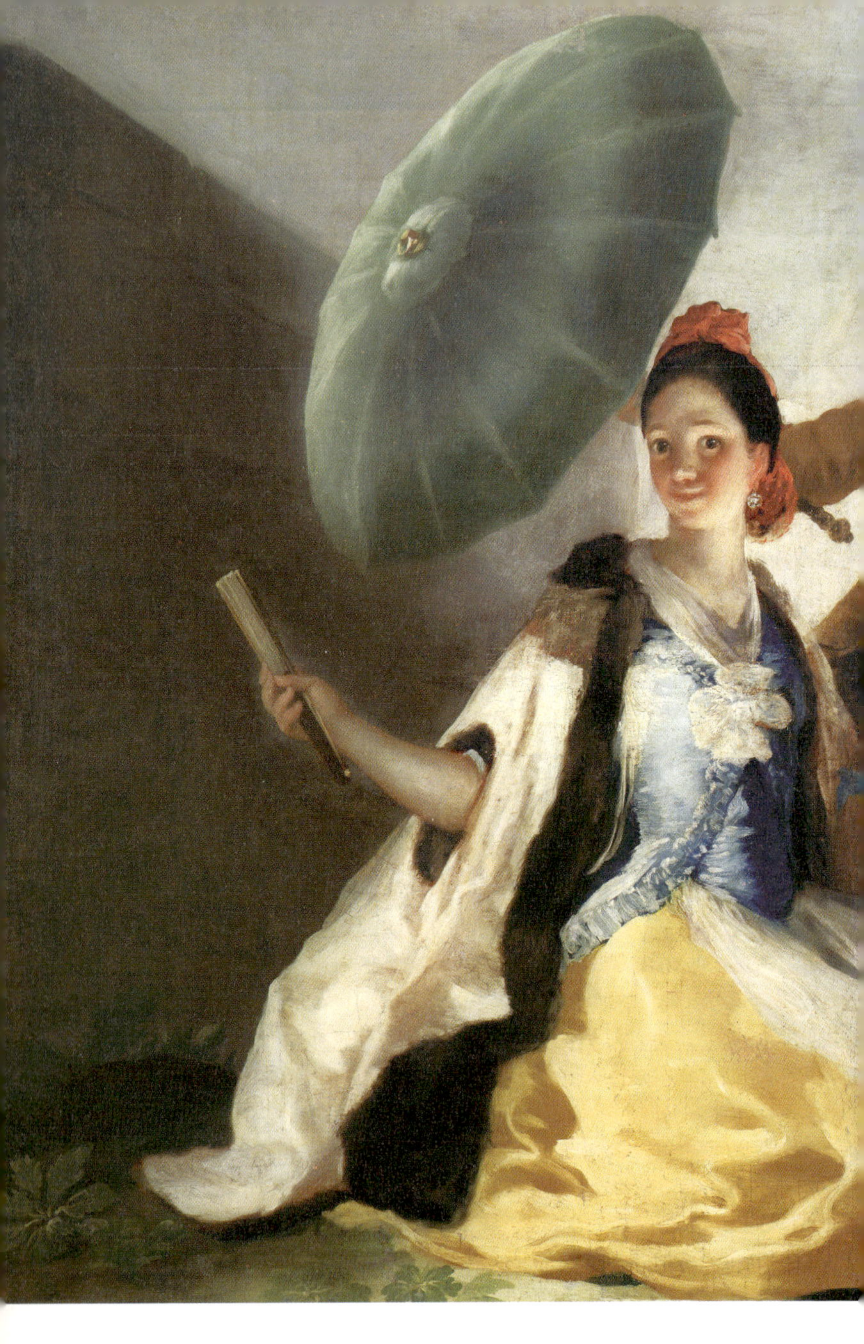

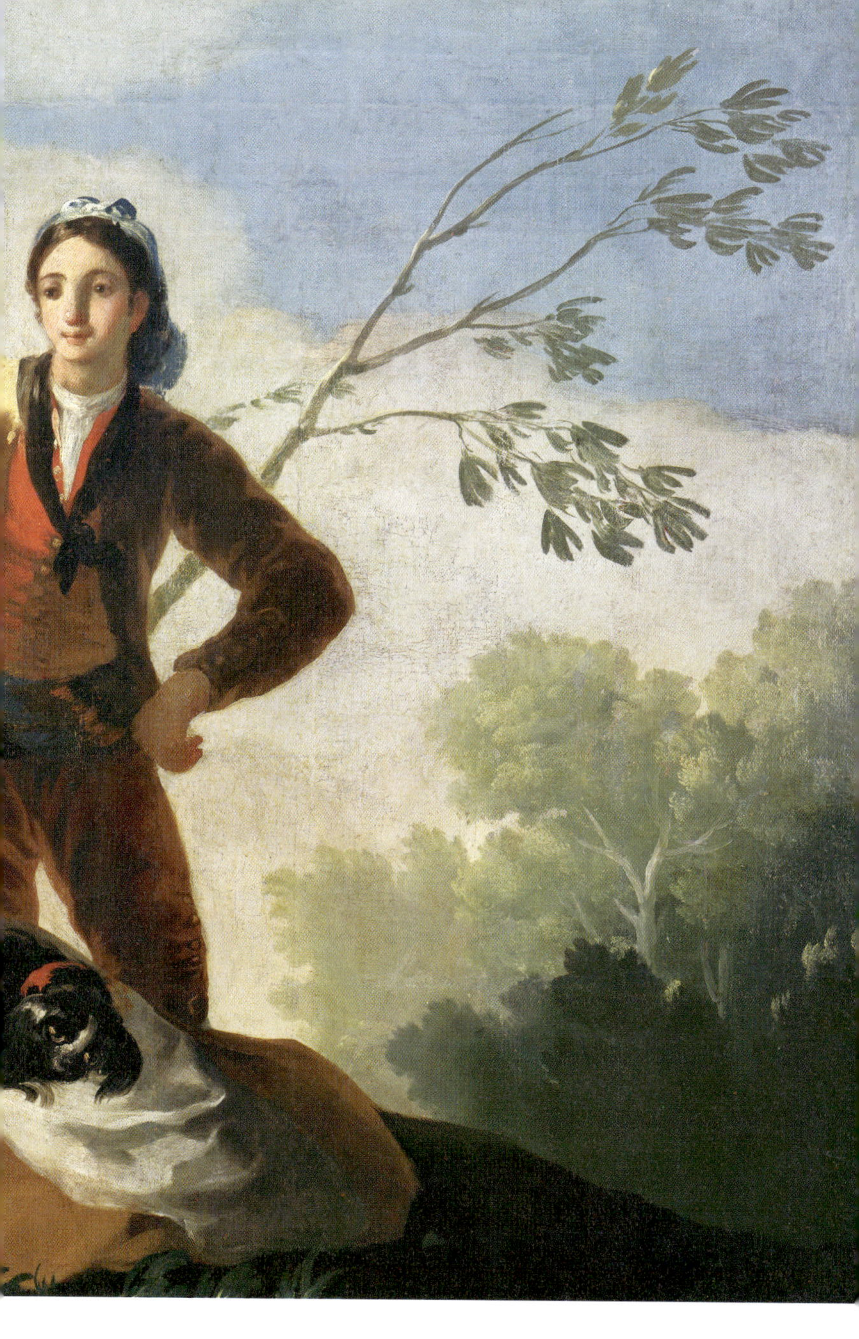

포도 수확

고야의 초기 작품 중 하나인 〈포도 수확〉 역시 초기 작품의 특징답게 굉장히 밝은 느낌으로 표현되었다.

이 작품은 갓 수확한 포도를 중심으로 서민들의 일상적인 노동을 그렸다. 고야는 이 당시 계절에 관한 그림을 연작으로 그렸는데, 이 그림은 사계절 중 가을에 해당하는 작품이다. 사계절을 묘사한 이 작품들 역시 태피스트리를 위한 밑그림이었다.

봄은 '꽃 파는 사람들', 여름은 '추수', 겨울은 '눈보라'를 주제로 그려졌다.

The Grape Harvest, or Autume, Francisco Goya, 1786년.
캔버스에 유채, 267.6×190.5cm, Room 94

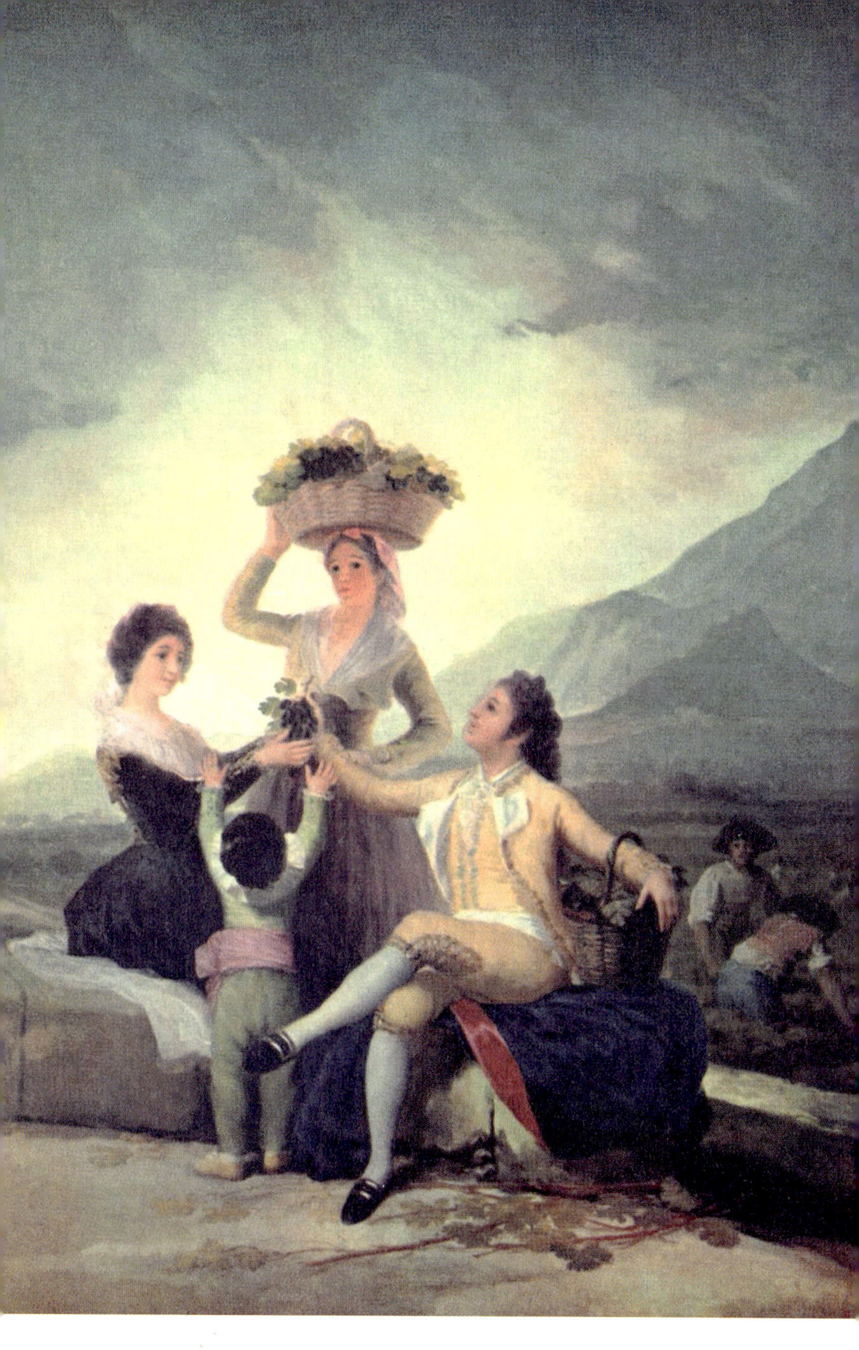

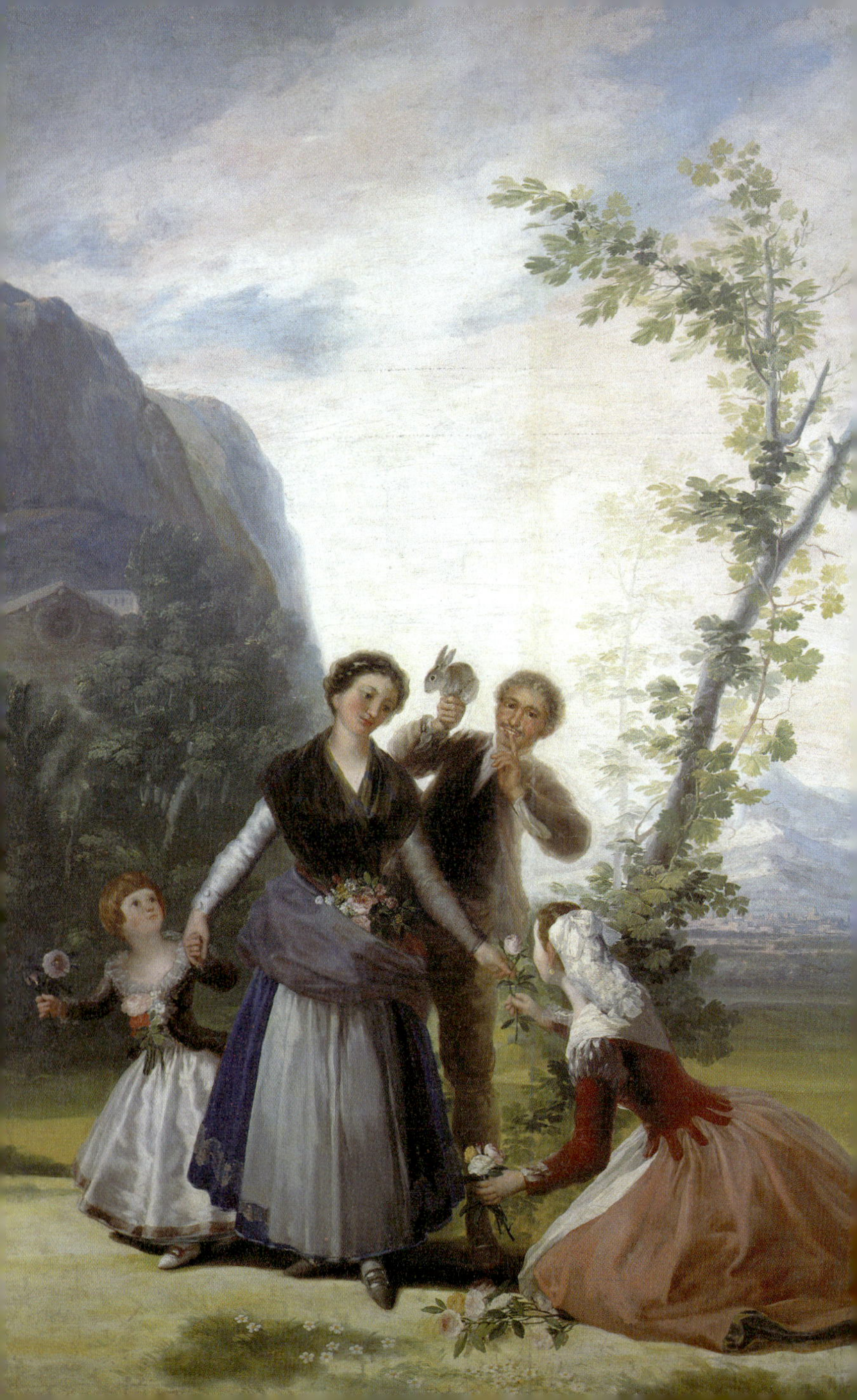

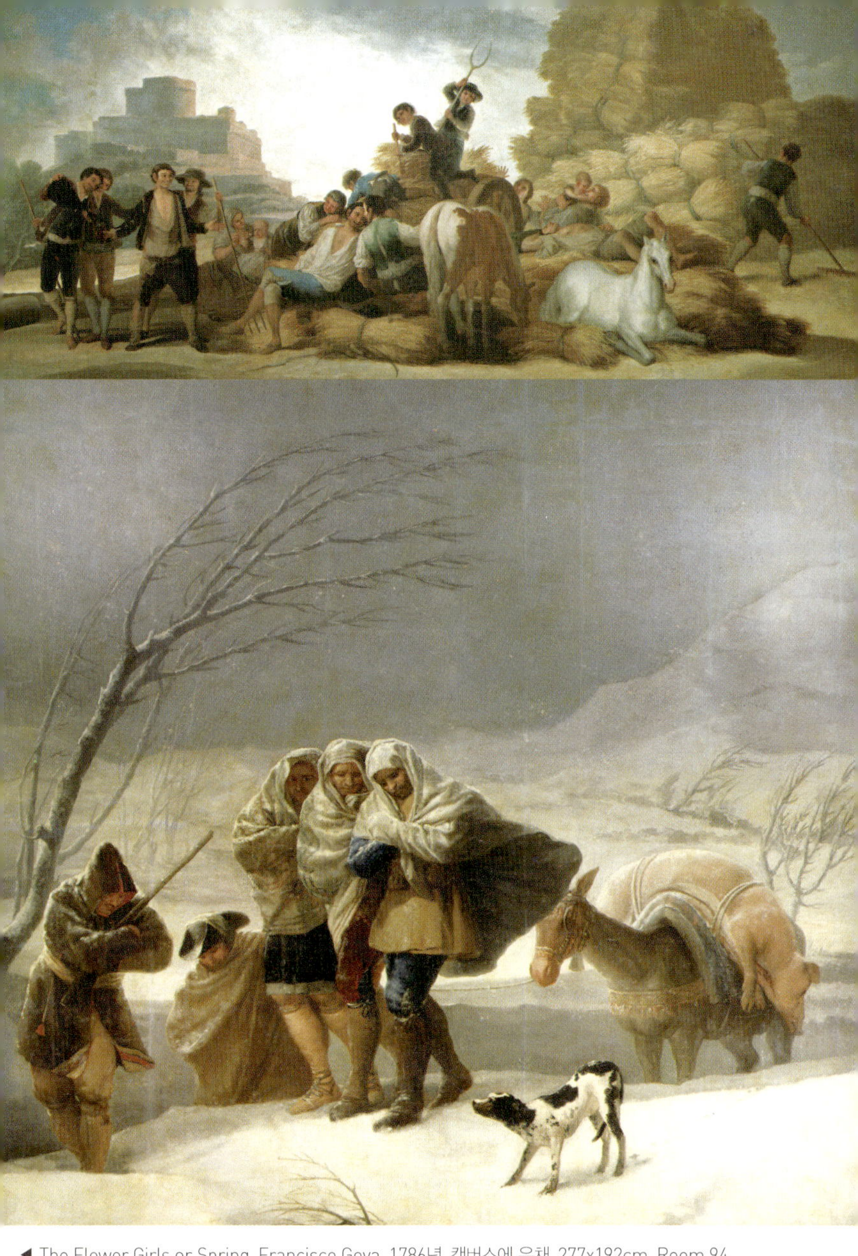

◀ The Flower Girls or Spring, Francisco Goya, 1786년, 캔버스에 유채, 277x192cm, Room 94
▲ The Threshing Ground or Summer, Francisco Goya, 1786년, 캔버스에 유채, 276x641cm, Room 94
▼ The Snowstorm or Winter, Francisco Goya, 1786년, 캔버스에 유채, 275x293cm, Room 94

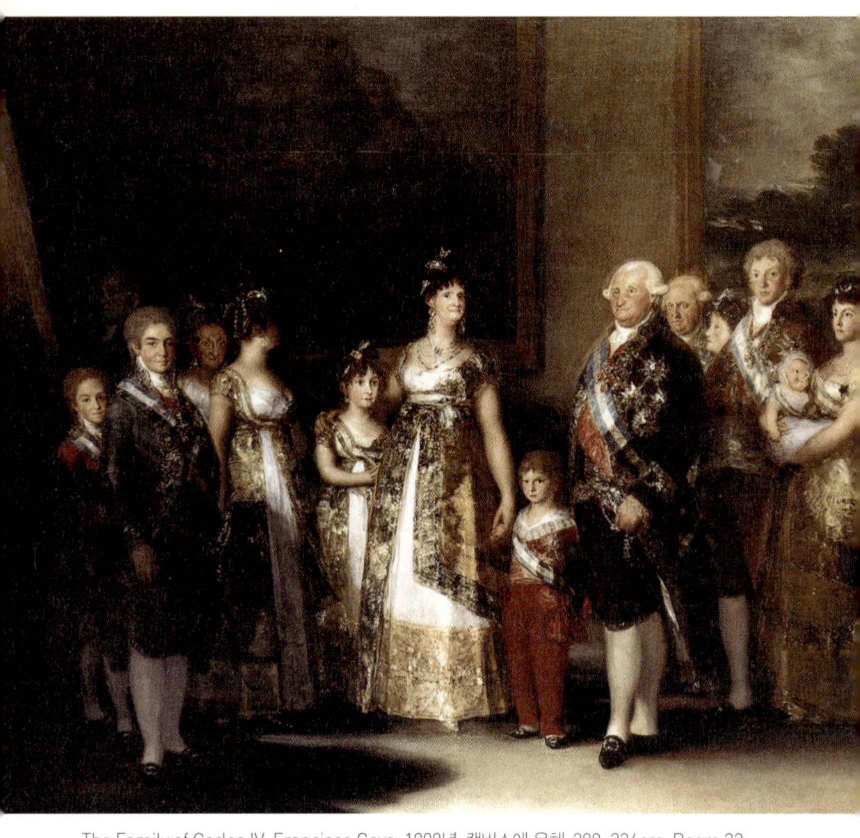

The Family of Carlos IV, Francisco Goya, 1800년, 캔버스에 유채, 280×336cm, Room 32

카를로스 4세 가족의 초상

스페인의 국왕이었던 카를로스 4세의 가족 초상화로, 고야가 궁정 화가로 활동하며 가장 마지막에 그린 왕실 일가의 초상화다.

이 작품에 그려진 인물들은 모두 14명으로, 왕실 일가와 함께 화가인 자신의 모습도 왼쪽 뒤편에 그려 넣었다. 훈장을 여러 개 달고 오른편에 서 있는 남자가 바로 카를로스 4세다. 그리고 왼쪽에서 두 번째 푸른색 옷을 입고 있는 아이가 왕위를 이을 페르디난도 7세이고, 가운데 주인공처럼 서 있는 여인이 왕비인 마리아 루이사다.

그림에 등장하는 등장인물이 많은 만큼, 고야는 한 명씩 따로 초상화를 그린 후, 합쳐서 하나의 작품으로 완성했다. 그리고 많은 등장인물들을 자연스럽게 구성하기 위해 각기 다른 세 그룹으로 나누어 시선을 처리했다.

하지만 이 작품은 이전에 그려진 왕족의 초상화들과는 달리 표정이나 시선 등이 다소 멍청한 느낌을 준다. 고야는 당시 유럽에 퍼져 있는 계몽주의와 프랑스 대혁명 등의 영향을 받아 군주제에 환멸을 느끼고 있었는데, 아마도 그런 생각이 그림에 반영되었을 것이다. 화려한 의상에 비해 권위적인 모습이 느껴지지 않는 것도 당시 왕실의 부패를 비꼬는 듯하다. 하지만 이 그림을 본 카를로스 4세는 매우 흡족해했다고 한다.

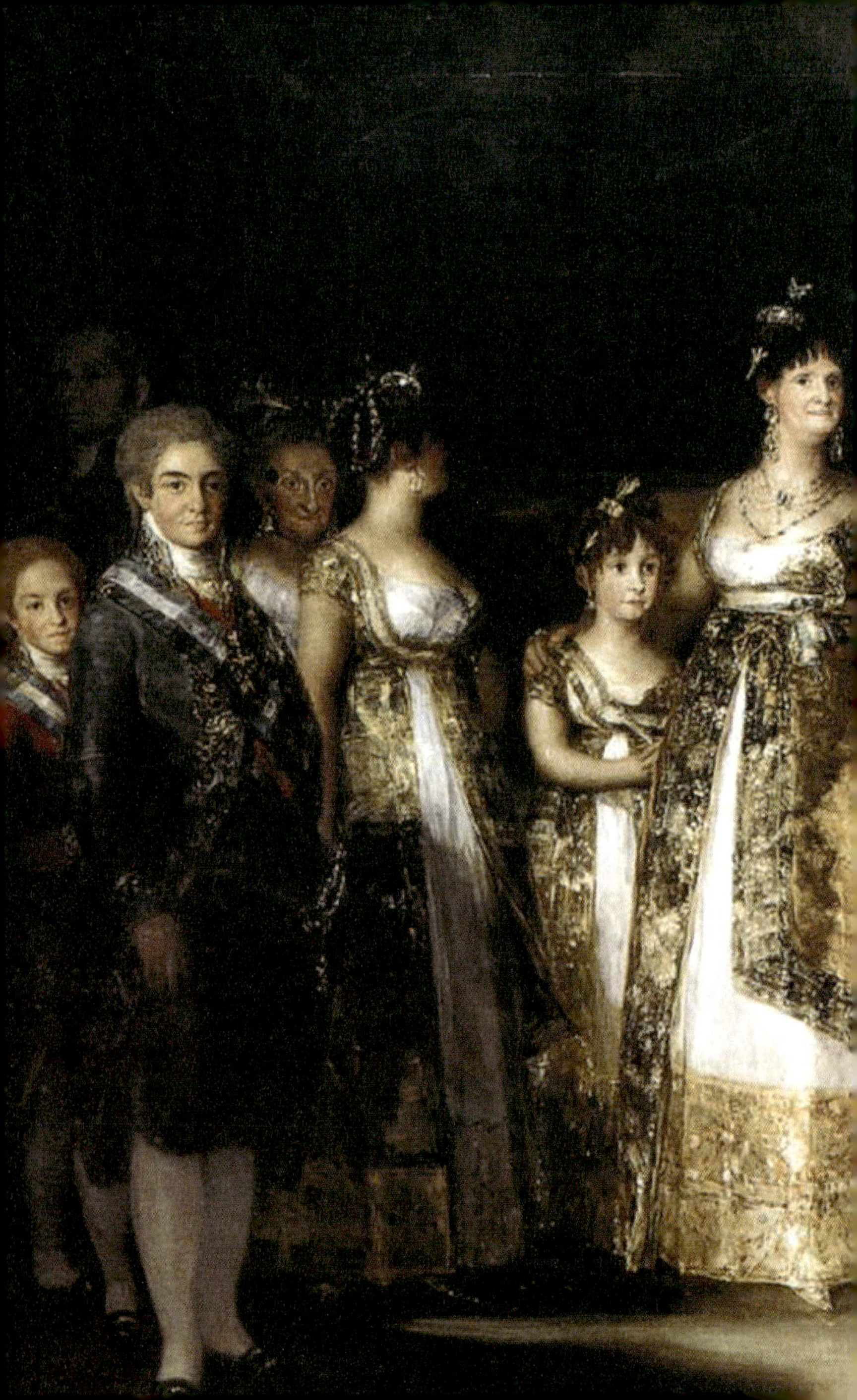

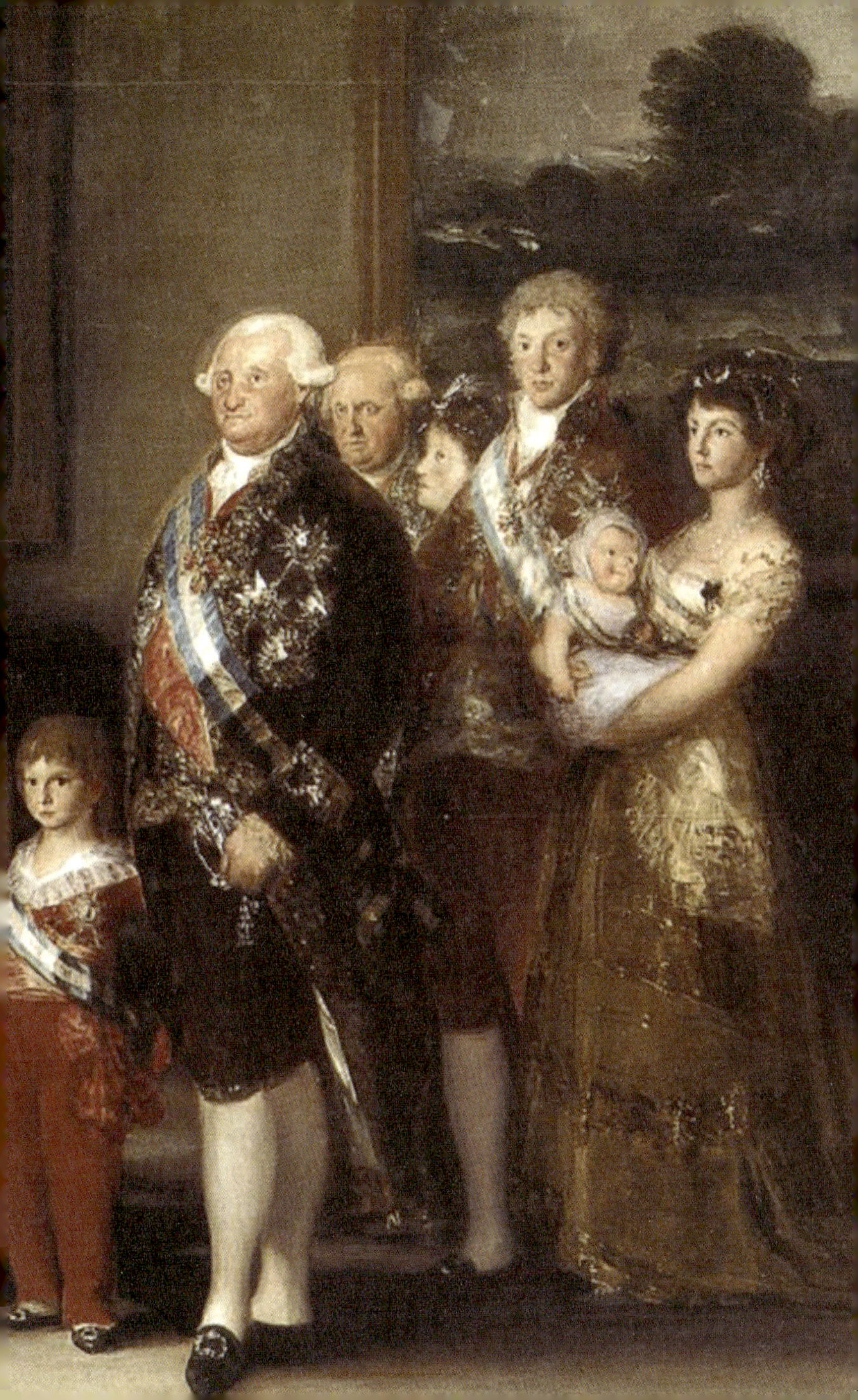

벌거벗은 마하

이 작품은 옷을 벗은 마하가 녹색의 침대 위에 누워 있는 모습을 그린 누드화다. 그녀는 두 팔로 머리를 받치고 누워 풍만한 가슴을 훤하게 보여 주고 있다. '마하'는 스페인어로 풍만하고 매력적인 여자라는 뜻을 가지고 있다. 고야는 몇 년 후 이 그림과 같은 포즈로 같은 모델의 〈옷을 입은 마하〉 그림을 그렸다.

이 그림은 당시 재상이었던 마누엘 고도이를 위해 제작한 것으로, 그림의 모델은 고야와 내연 관계에 있던 알바 공작의 부인이라는 설도 있고, 고도이의 정부였던 페티타 투토라는 설도 있지만 확실하게 밝혀진 것은 없다.

그림이 그려지고 몇 년 후 고도이 재상의 재산이 압수되면서 그림이 세상에 공개되었고, 고야는 음탕한 그림을 그렸다는 이유로 1815년에 종교 재판을 받게 되지만 모델이 누구인지는 이야기하지 않았다.

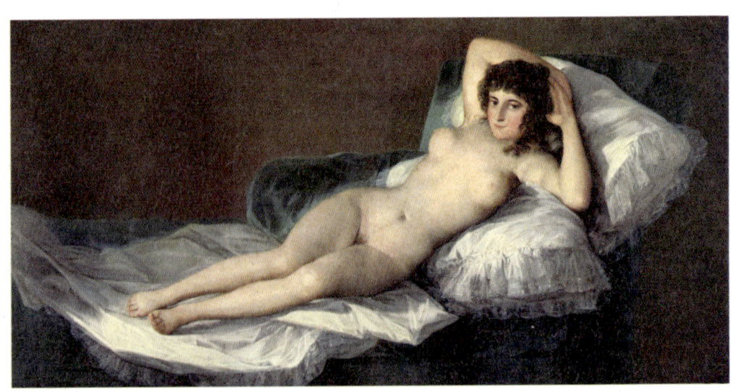

The Naked Maja, Francisco Goya, 1795~1800년, 캔버스에 유채, 98×191cm, Room 36

옷을 입은 마하

〈벌거벗은 마하〉와 짝을 이루고 있는 〈옷을 입은 마하〉는 같은 모델을 그린 그림으로, 하나는 모델이 옷을 입고 있고, 다른 하나는 모델이 옷을 벗고 있다는 차이점만 있다. 다만 〈옷을 입은 마하〉는 〈벌거벗은 마하〉 그림에 비해 색깔이나 주변 상황이 훨씬 깔끔하게 그려져 있다.

〈벌거벗은 마하〉는 여성의 곡선에 중점을 두었다면, 이 작품에서는 고급스러운 의상을 통해 여인의 실루엣을 드러내고 있어 더욱 은밀한 매력이 넘쳐난다. 그래서 어쩌면 이 그림이 옷을 벗고 있는 〈벌거벗은 마하〉 그림보다 더 관능적으로 느껴지기도 한다.

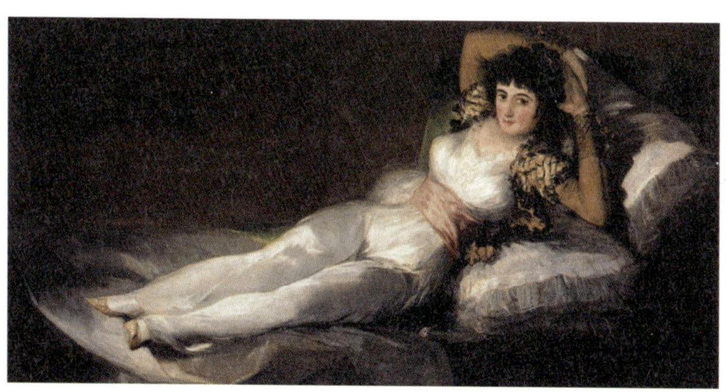

The Clothed Maja, Francisco Goya, 1800~1807년, 캔버스에 유채, 95×190cm, Room 36

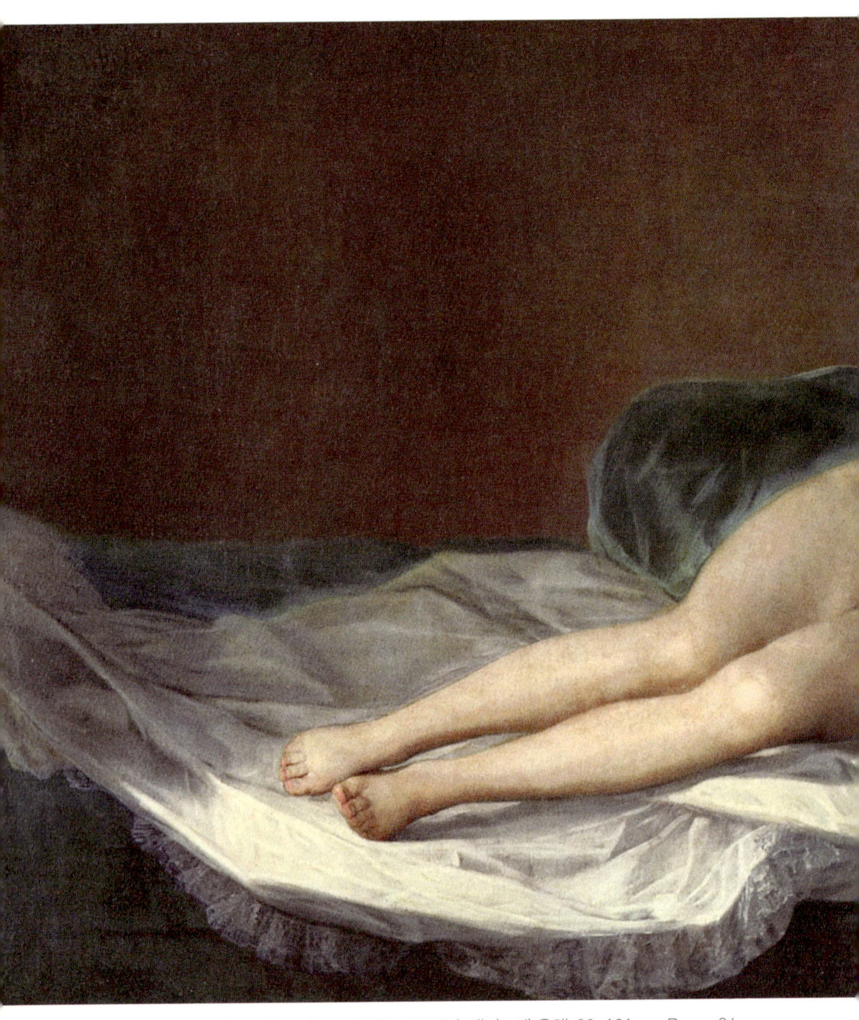

The Naked Maja, Francisco Goya, 1795～1800년, 캔버스에 유채, 98×191cm, Room 36

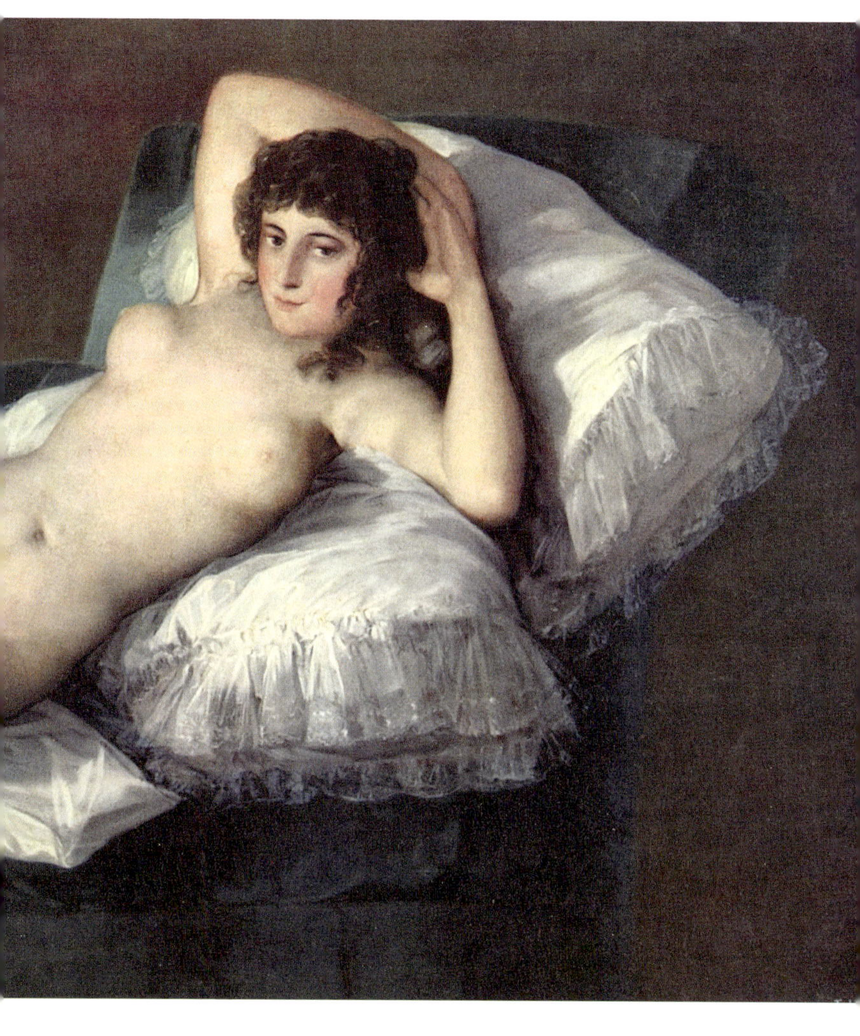

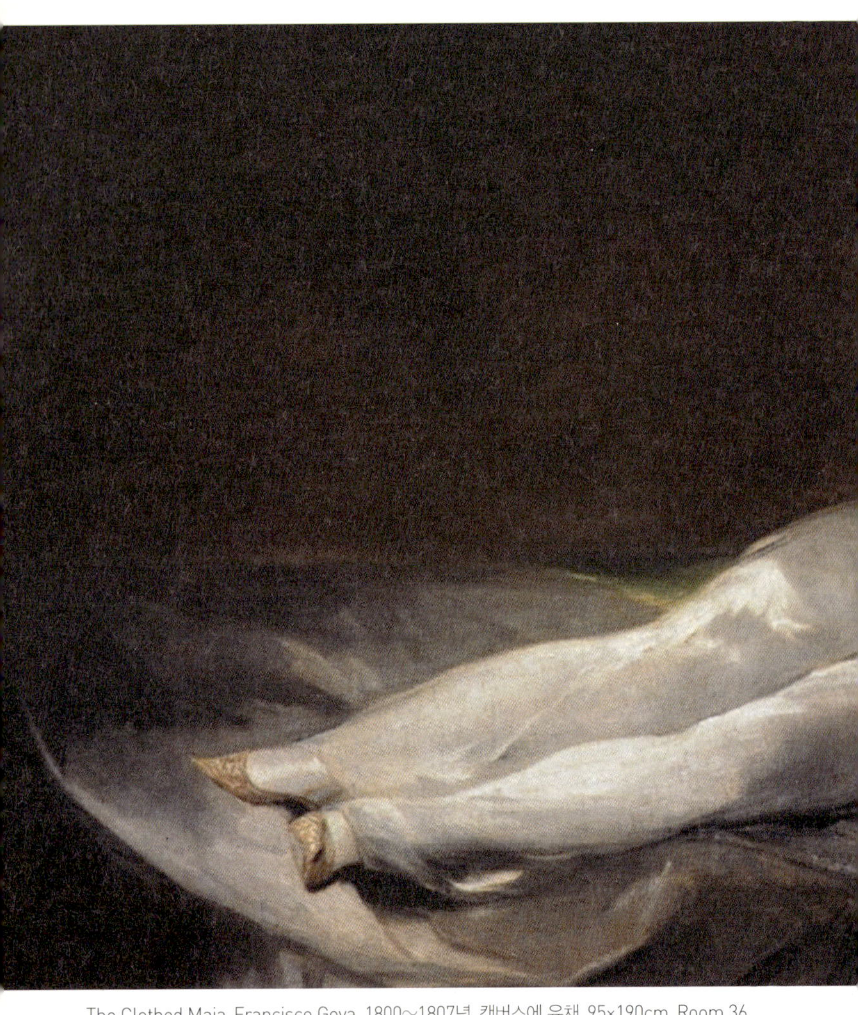

The Clothed Maja, Francisco Goya, 1800~1807년, 캔버스에 유채, 95×190cm, Room 36

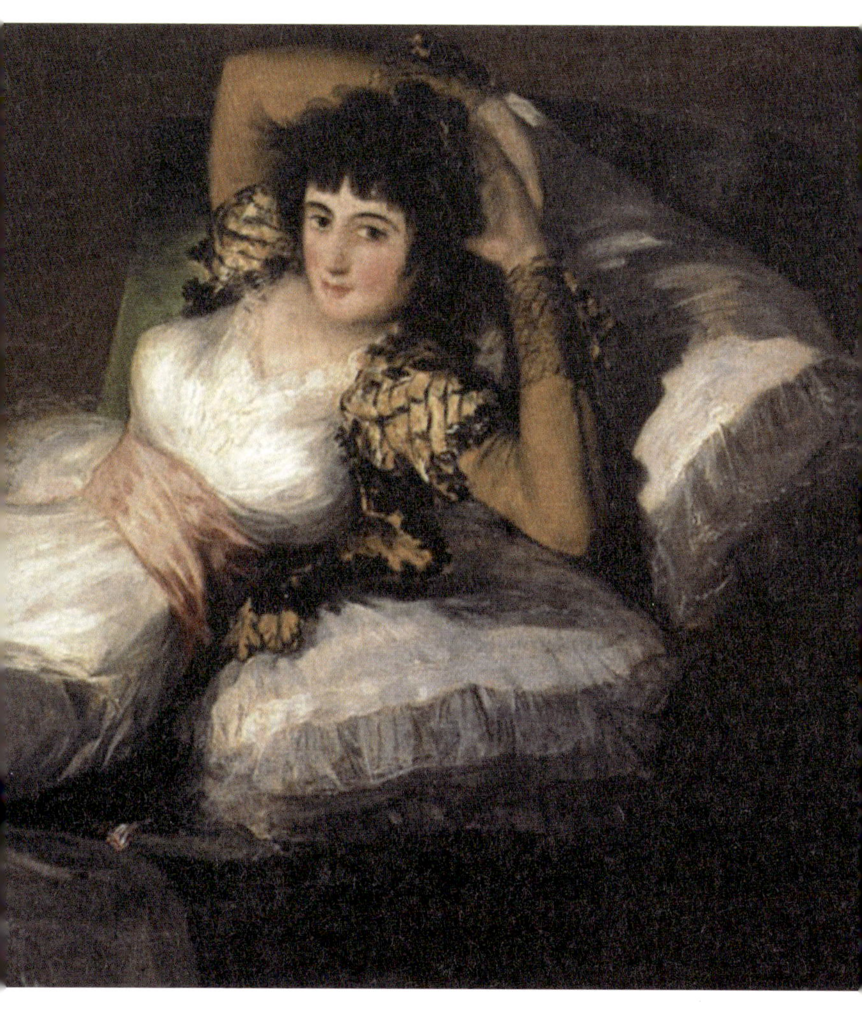

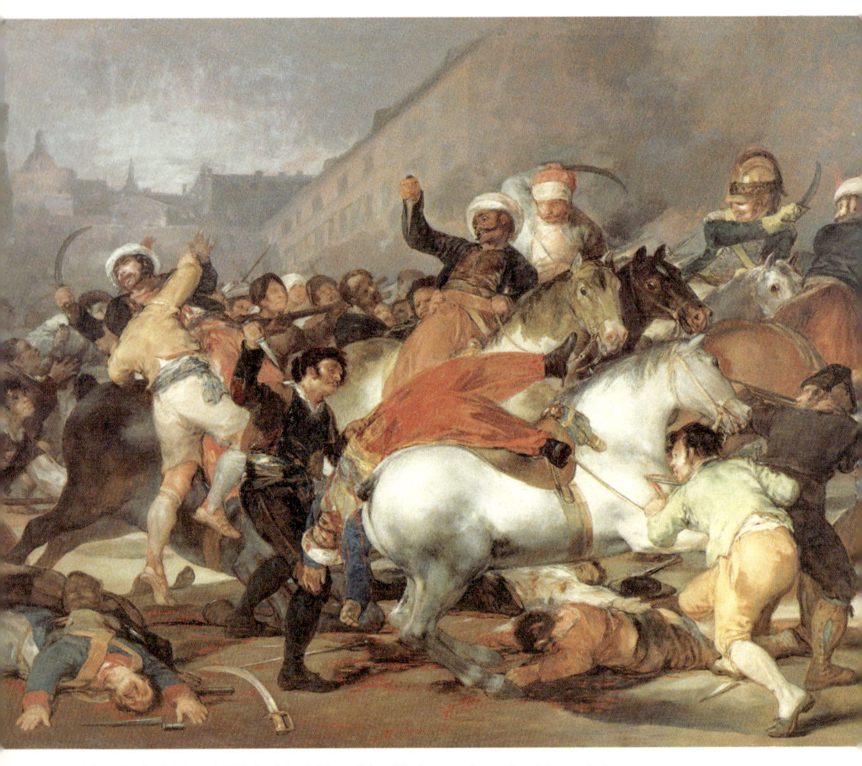

The 2nd of May 1808 in Madrid or The Fight against the Mamelukes,
Francisco Goya, 1814년, 캔버스에 유채, 268.5x347.5cm, Room 64

1808년 5월 2일

1808년 나폴레옹의 군대가 스페인으로 진군해 왔을 때, 스페인 민중은 탐욕스러운 자국의 재상 고도이의 학정에 질린 나머지 나폴레옹을 구세주로 여겼다. 그러나 나폴레옹의 군대는 기대와 달리 스페인의 동맹군이 아니었다. 그들은 자신들의 이익에만 관심이 있는 전형적인 점령군이었다.

나폴레옹은 악화된 재정난을 타개하고 이베리아 반도 전체를 대륙 체제로 통합하고자 스페인으로 진군한 것이다. 그래서 애초에 스페인으로 진군할 때는 막 왕위에 오른 페르디난도 7세에게 포르투갈의 일부를 스페인에 양도한다고 해놓고 실제로는 페르디난도 7세를 축출해 버린 뒤 자신의 형인 조제프 보나파르트를 왕위에 앉혔다.

그러자 1808년 5월 2일 마드리드에서 격렬한 민중 시위가 벌어졌다. 그리고 이튿날 5월 3일에는 나폴레옹 군대가 시민들을 잔인하게 진압하고 처형하는 학살극을 자행했다.

고야는 자신이 눈으로 목격한 이 사건을 시위 편인 〈1808년 5월 2일〉과 학살 편인 〈1808년 5월 3일〉 두 편의 연작으로 표현했다. 비록 무참한 학살로 끝났지만 스페인 민중의 저항은 매우 격렬했다. 그들은 죽음을 두려워하지 않고 정복자와 맞서 싸웠다.

1808년 5월 3일

이 작품은 1808년 5월 3일 스페인에서 프랑스 군대가 학살극을 자행했던 역사적인 사건을 기록하고 있다.

1808년 5월 2일 나폴레옹이 이끄는 프랑스 군대의 점령에 화가 난 마드리드 시민들이 거대한 폭동을 일으켰다. 나폴레옹은 당시 스페인의 왕이었던 페르디난도 7세를 대신해 자신의 형인 조제프 보나파르트를 스페인 왕위에 앉혔고, 이에 스페인 국민들이 불만을 품고 봉기를 일으킨 것이다.

하지만 폭동 다음날인 5월 3일, 프랑스 군대가 폭동에 가담했던 시민들을 처형하는 사건을 일으켰고, 이 작품은 프랑스 군대가 가담자들을 처형하는 장면을 그린 것이다. 당시 마드리드 시 외곽과 시내 곳곳에서 처형이 이루어졌는데, 고야는 프랑스 군대의 비인간적인 모습을 그림에 담았다.

특히 가운데 흰옷을 입고 두 팔을 벌리고 있는 남자의 모습이 유일하게 밝게 표현되어 있어서, 어둡고 암담한 배경과 함께 당시의 처참한 상황을 잘 드러내고 있다. 그는 수도사로 예수 그리스도가 십자가에 매달린 모습을 연상시키는 모습으로, 두 팔을 벌려 어떠한 억압에도 절대로 굴하지 않겠다는 의지를 보여 주고 있다. 그의 옆에는 또 다른 사형수들이 줄을 서서 기다리며 절망에 빠져 있다.

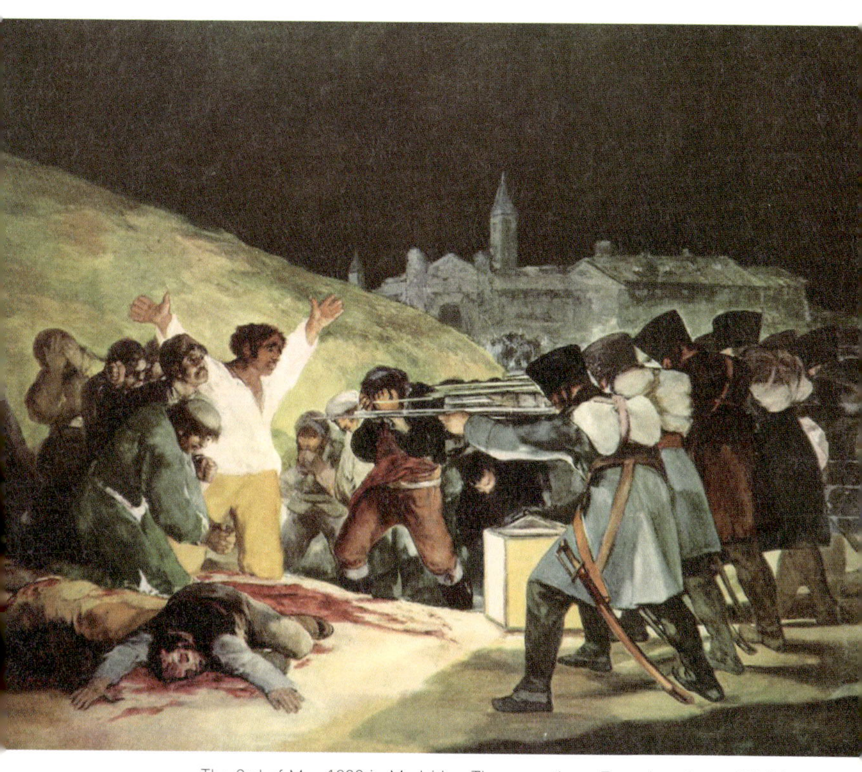

The 3rd of May 1808 in Madrid or The executions, Francisco Goya, 1814년,
캔버스에 유채, 268×347cm, Room 64

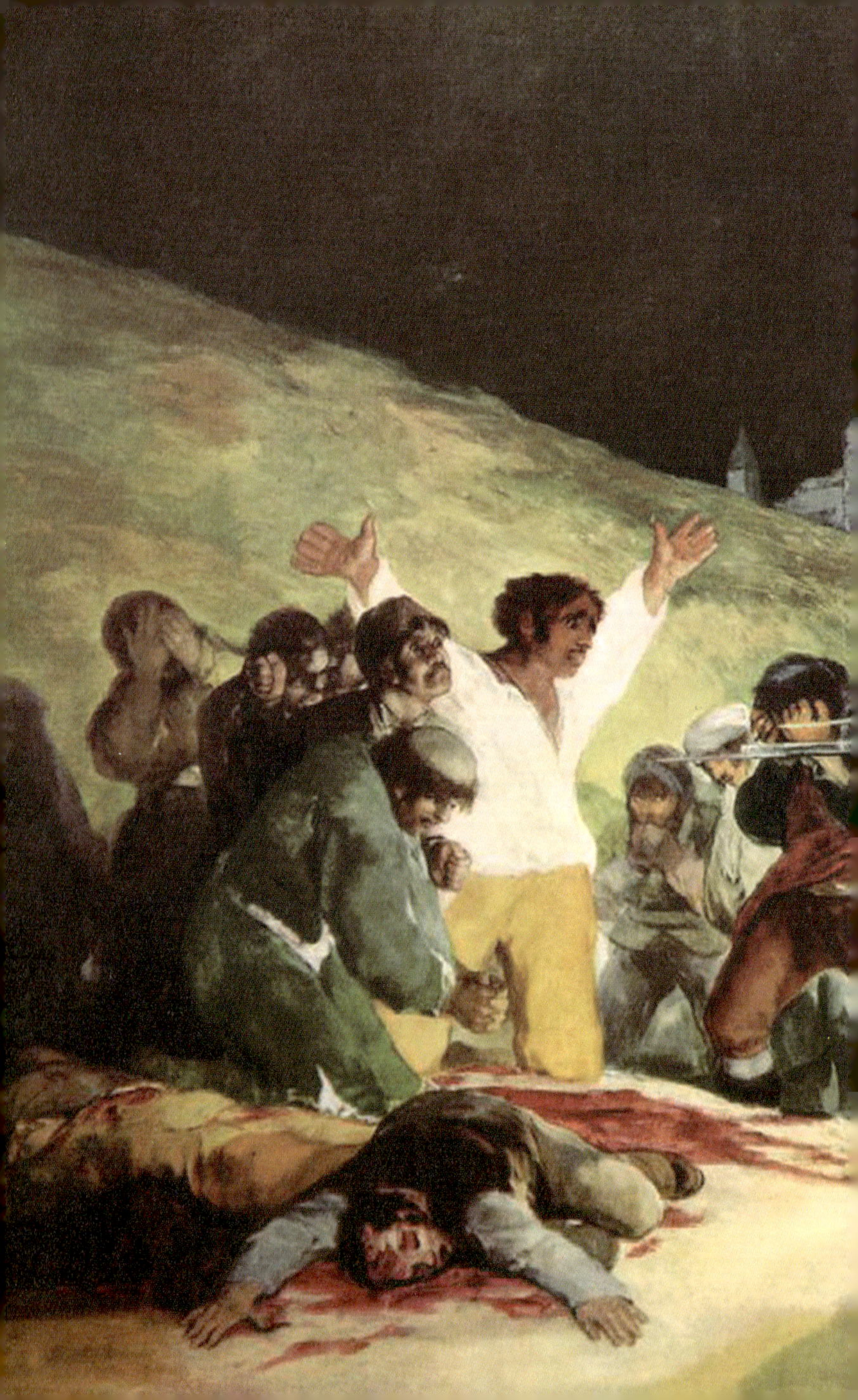

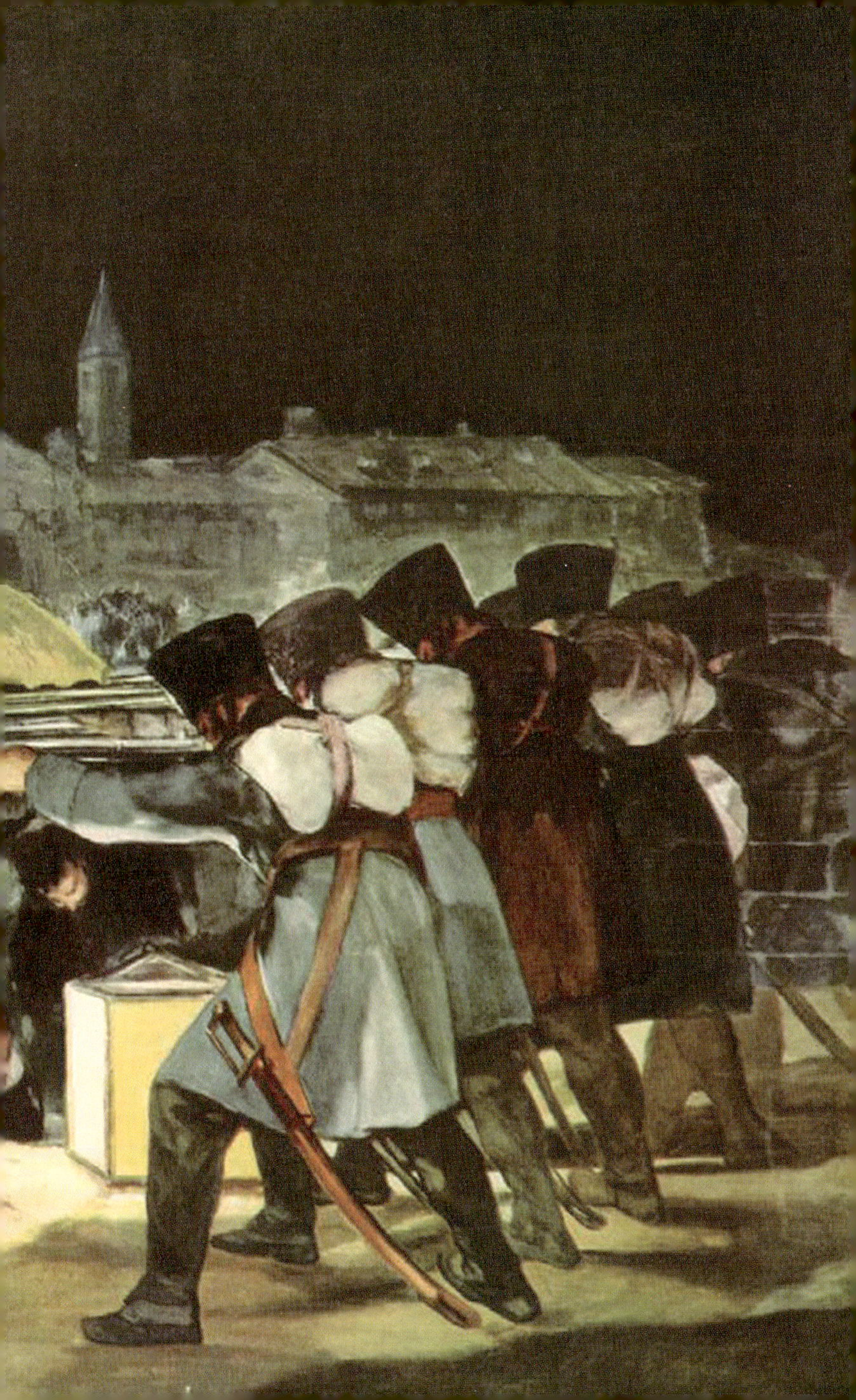

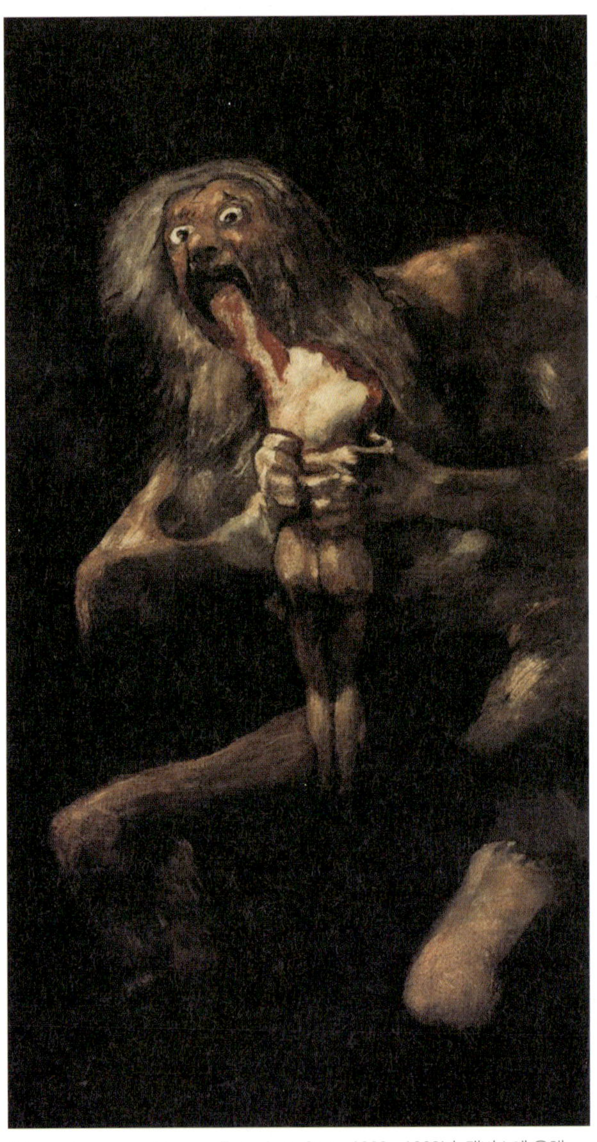

Saturn devouring his son, Francisco Goya, 1820〜1823년, 캔버스에 유채,
143.5×81.4cm, Room 67

아들을 잡아먹는 사투르누스

프라도 미술관에는 고야의 검은 회화 작품들이 전시되어 있는데, 이 작품들은 고야가 1819년 마드리드 외곽에 마련한 '귀머거리의 집'이라고 불렸던 집에 그린 벽화들이다. 그중 이 작품은 가장 충격적이고 섬뜩한 작품이다.

사투르누스는 로마 신화에 나오는 신으로 '씨를 뿌리는 자'라는 뜻을 가지고 있다. 사투르누스는 자신의 아들이 자라서 자신을 파멸시킬까 두려워 아들을 낳는 족족 잡아먹어 자신의 권력을 지켰다. 이 그림은 사투르누스 신이 자신의 아들을 잡아 먹는 장면을 그린 것으로, 아들은 피를 뚝뚝 흘린 채 아버지에게 먹히고 있다. 하지만 그의 아내 레아는 사투르누스 신의 이런 만행을 보다 못해, 막내 아들이 태어나자마자 아이를 숨기고 대신 커다란 돌을 포대기에 싸서 사투르누스로 하여금 삼키게 했다. 살아서 도망을 간 막내아들은 나중에 성인이 되어서 돌아와 아버지에게 약을 먹여 전에 먹었던 형제들을 모두 토해 내게 했다. 이 막내아들이 후에 올림포스 신들의 왕이 되는 유피테르(제우스)다.

고야는 이 작품을 자신의 집 식당 벽에 그려 놓았는데 자신의 아이들이 사산되거나 단명하고 한 아이만 성인이 된 것에 대해 자신을 탓하며 아이들에게 속죄하는 마음을 가진 것으로 보인다.

고야가 죽은 후 이 저택의 주인이 벽에 그려진 이 그림을 캔버스로 옮겨 복원하여 국가에 헌납했다.

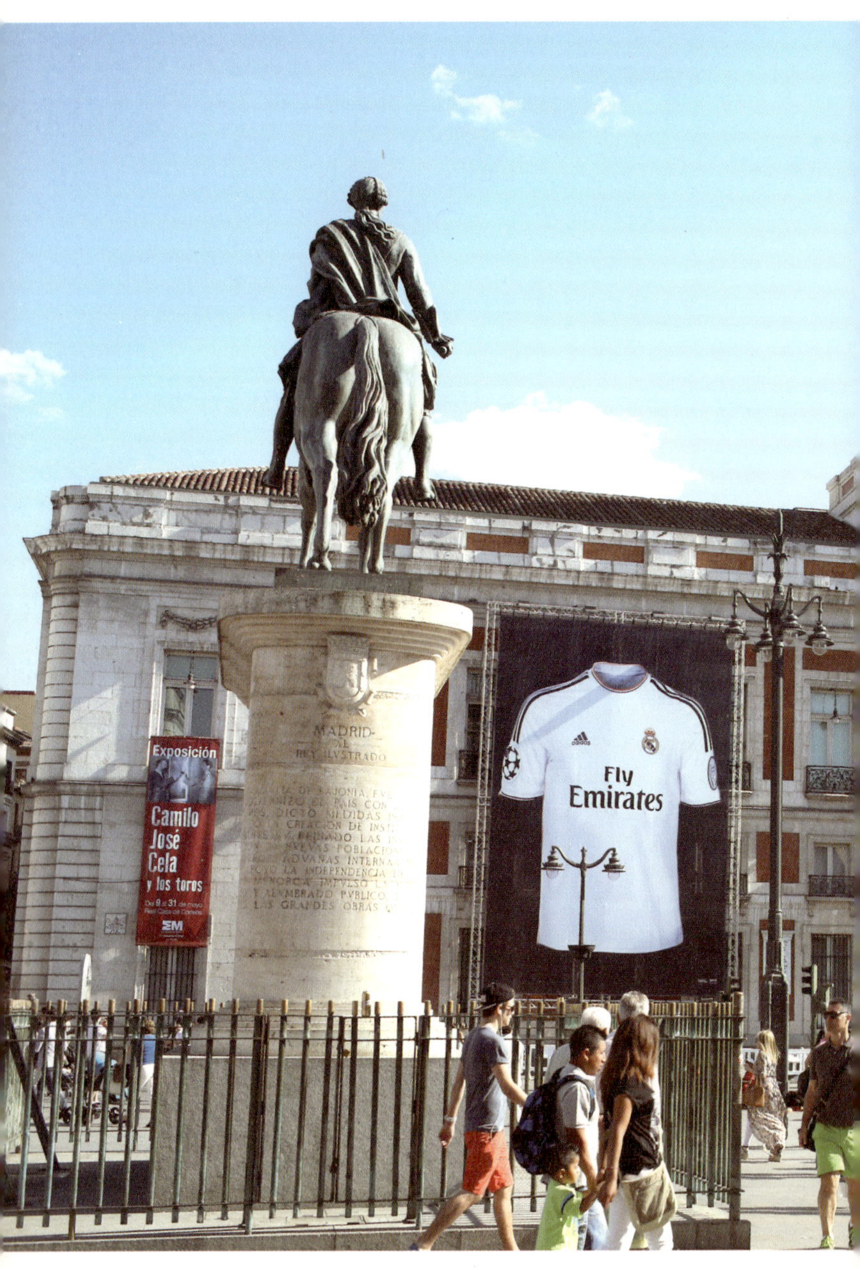
Exposición
Camilo
José
Cela
y los toros
Del 9 al 31 de mayo
Real Casa de Correos
CM

MADRID
AL
REY ILVSTRADO

Fly
Emirates
adidas

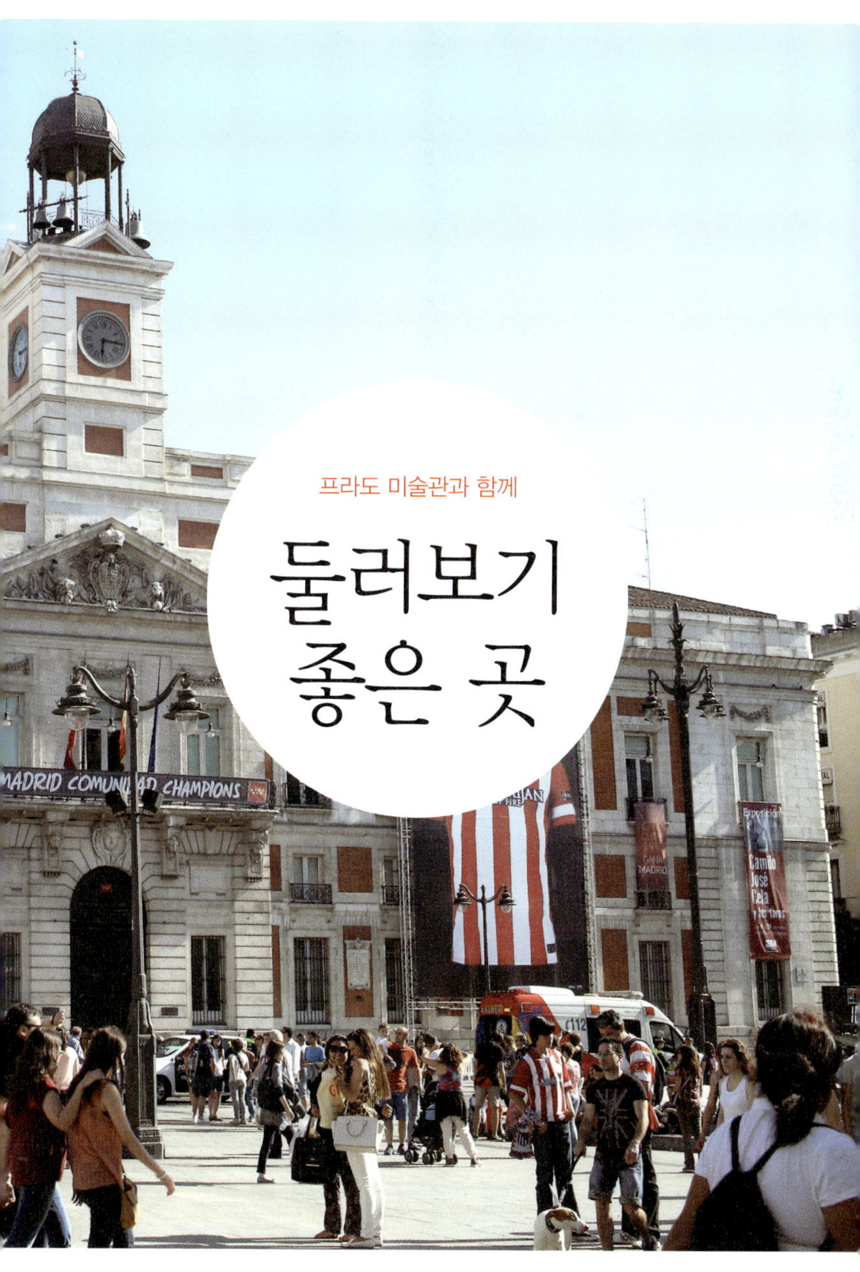

프라도 미술관과 함께
둘러보기
좋은 곳

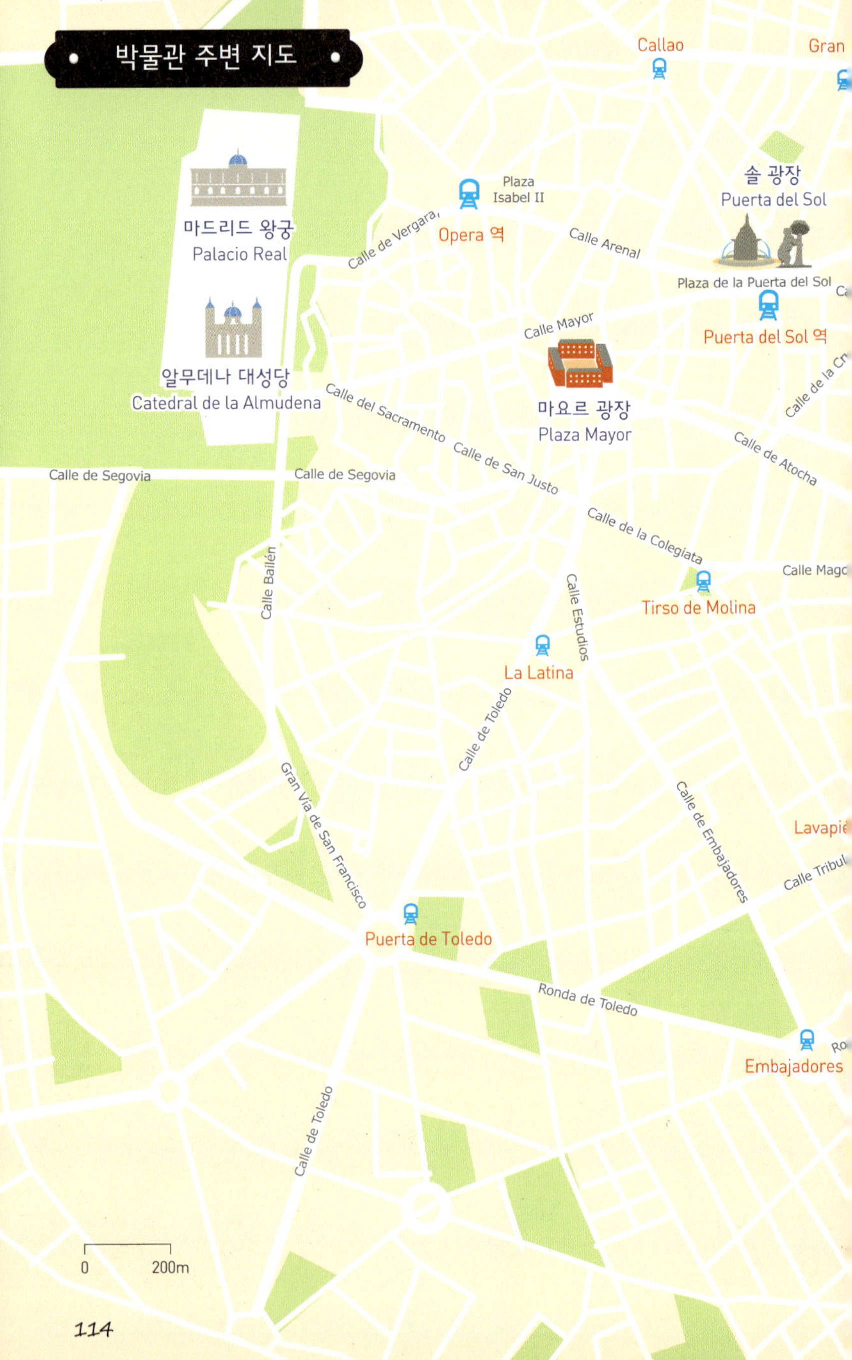
박물관 주변 지도
Callao
Gran
Plaza
Isabel II
Opera 역
Calle de Vergara
Calle Arenal
솔 광장
Puerta del Sol
마드리드 왕궁
Palacio Real
Plaza de la Puerta del Sol
Calle Mayor
Puerta del Sol 역
알무데나 대성당
Catedral de la Almudena
Calle del Sacramento
Calle de San Justo
마요르 광장
Plaza Mayor
Calle de la Cr
Calle de Atocha
Calle de Segovia
Calle de Segovia
Calle de la Colegiata
Calle Bailén
Calle Mag
Tirso de Molina
Calle Estudios
La Latina
Calle de Toledo
Gran Vía de San Francisco
Calle de Embajadores
Lavapié
Calle Tribu
Puerta de Toledo
Ronda de Toledo
Embajadores
Ro
Calle de Toledo
0   200m

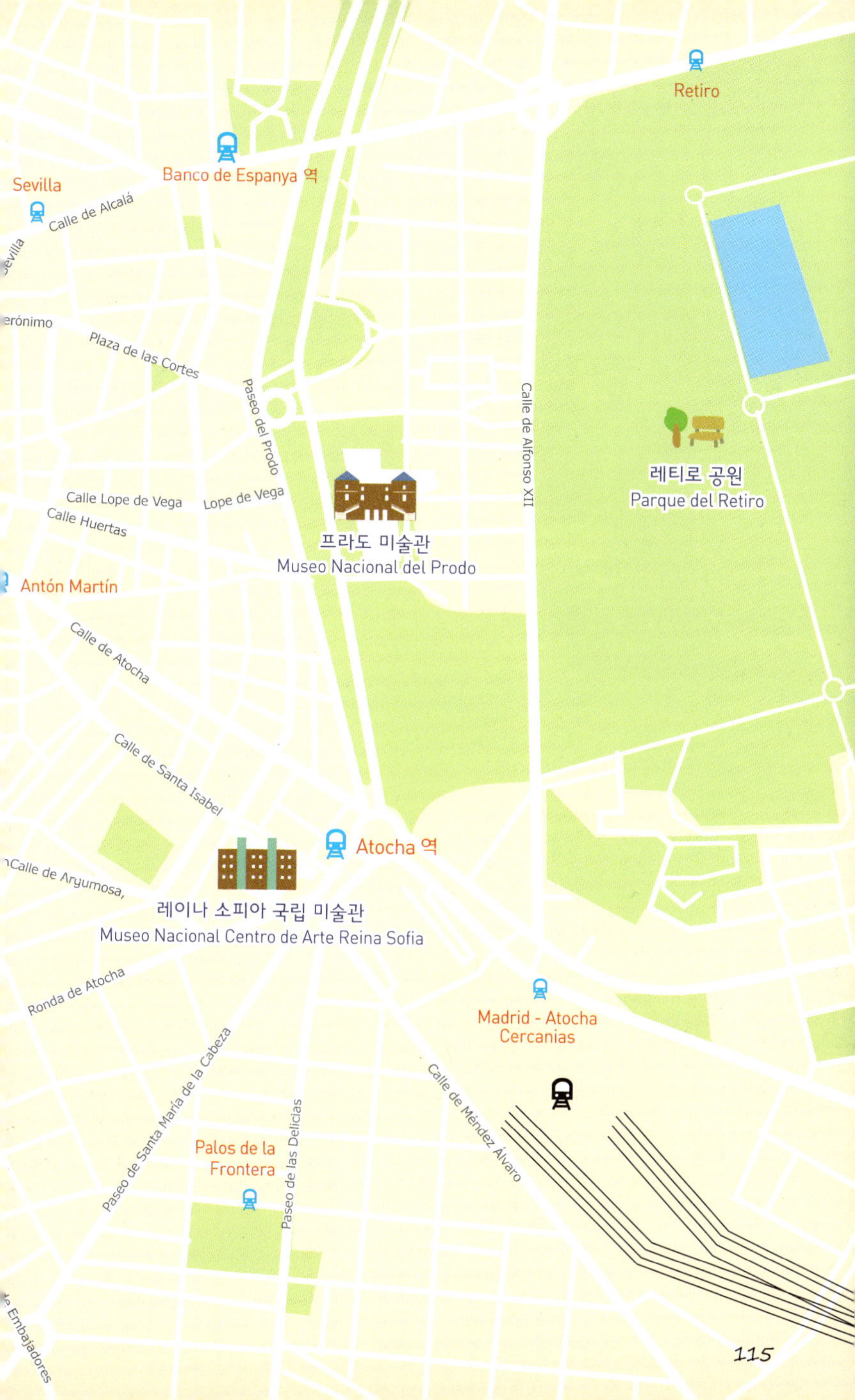

Sevilla
Calle de Alcalá
Sevilla
erónimo
Plaza de las Cortes
Banco de Espanya 역
Paseo del Prado
Calle Lope de Vega
Lope de Vega
Calle Huertas
Antón Martín
Calle de Atocha
프라도 미술관
Museo Nacional del Prodo
Calle de Alfonso XII
Retiro
레티로 공원
Parque del Retiro
Calle de Santa Isabel
Calle de Aryumosa,
Atocha 역
레이나 소피아 국립 미술관
Museo Nacional Centro de Arte Reina Sofia
Ronda de Atocha
Madrid - Atocha
Cercanias
Paseo de Santa María de la Cabeza
Paseo de las Delicias
Palos de la
Frontera
Calle de Méndez Álvaro
e Embajadores

함께
둘러볼 곳

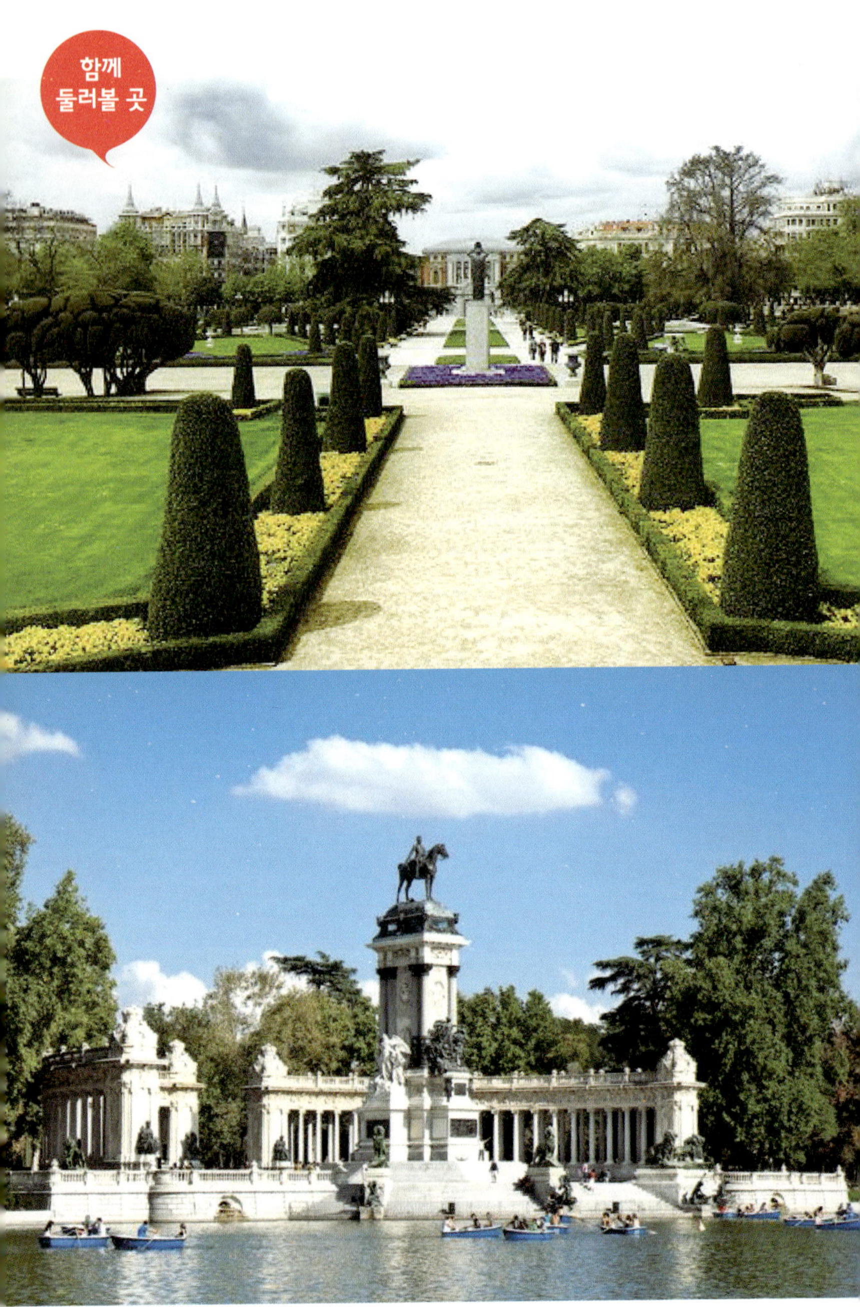

레티로 공원 Parque de Retiro

프라도 미술관 뒤에 있는 레티로 공원은 16세기에 펠리페 2세가 세운 별궁의 정원이었다. 레티로 공원은 현재 '마드리드의 허파'라고 불리며 현지 시민뿐 아니라 관광객들에게도 휴식 공간으로 많은 사랑을 받고 있다.

주말이나 휴일에는 거리 음악회를 비롯한 다양한 이벤트가 펼쳐져 활기찬 분위기가 연출된다. 프라도 미술관을 둘러본 후, 레티로 공원에서 휴식을 취하며 여유를 즐겨 보자.

건물은 프랑스와의 전쟁 때 거의 파괴되고 현재는 군사 박물관과 프라도 미술관 별관으로 사용하는 건물만 남아 있다. 1868년까지는 귀족들만 출입할 수 있었으나 이후 일반인에게도 공개되어 시민들이 넓은 호수에서 보트를 타며 휴식을 즐기는 공간이 되었다. 공원에는 3개의 갤러리가 있으며, 일요일에는 마임이나 저글링을 하는 사람, 미술가, 가수, 점술가 등 거리 예술가들이 모여 색다른 즐거움을 전해 준다.

주소 Plaza de la Independencia
교통 지하철 Retiro 역에서 바로

레이나 소피아 국립 미술관 Museo Nacional Centro de Arte Reina Sofia

레이나 소피아 국립 미술관은 마드리드를 대표하는 현대 미술관이다. 스페인의 수도인 마드리드에 파리의 퐁피두 센터와 같은 현대 미술관이 있어야 하지 않겠느냐는 스페인 예술가들의 요청에 의해 1990년에 문을 열었는데, 스페인의 현재 왕비인 레이나 소피아의 이름으로 설립되었다.

이 미술관에는 피카소의 걸작인 〈게르니카〉가 소장되어 있어 특히 더 유명하다. 〈게르니카〉는 피카소의 작품 중에서도 특히 유명한 작품으로, 피카소는 이 작품을 통해 1937년 4월 26일 독일 나치군이 스페인 게르니카 마을에 24대의 비행기로 엄청난 폭격을 퍼부었던 사건을 묘사했다.

건축에도 관심이 많은 사람이라면 소피아 미술관의 증축된 건축물을 반드시 둘러보자. 이곳은 빛을 중심으로 건축을 하고 있는 현대 건축가 '장 누벨'의 대표적인 건물로, 장누벨은 우리나라의 삼성 라움 미술관을 건축하기도 했다. 장 누벨의 건물 앞에는 팝아트로 유명한 리히텐슈타인의 거대한 조형물이 세워져 있으니 놓치지 말자.

주소 Calle de Santa Isabel, 52
교통 지하철 Atocha 역에서 도보 2분
시간 수~월요일 10시~21시(일요일 ~19시)
요금 8유로
홈페이지 www.museoreinasofia.es

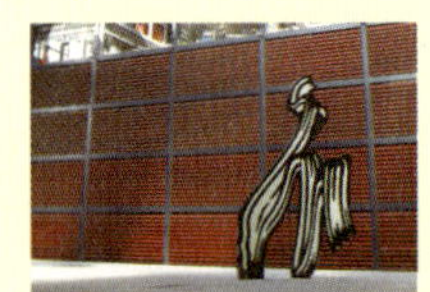

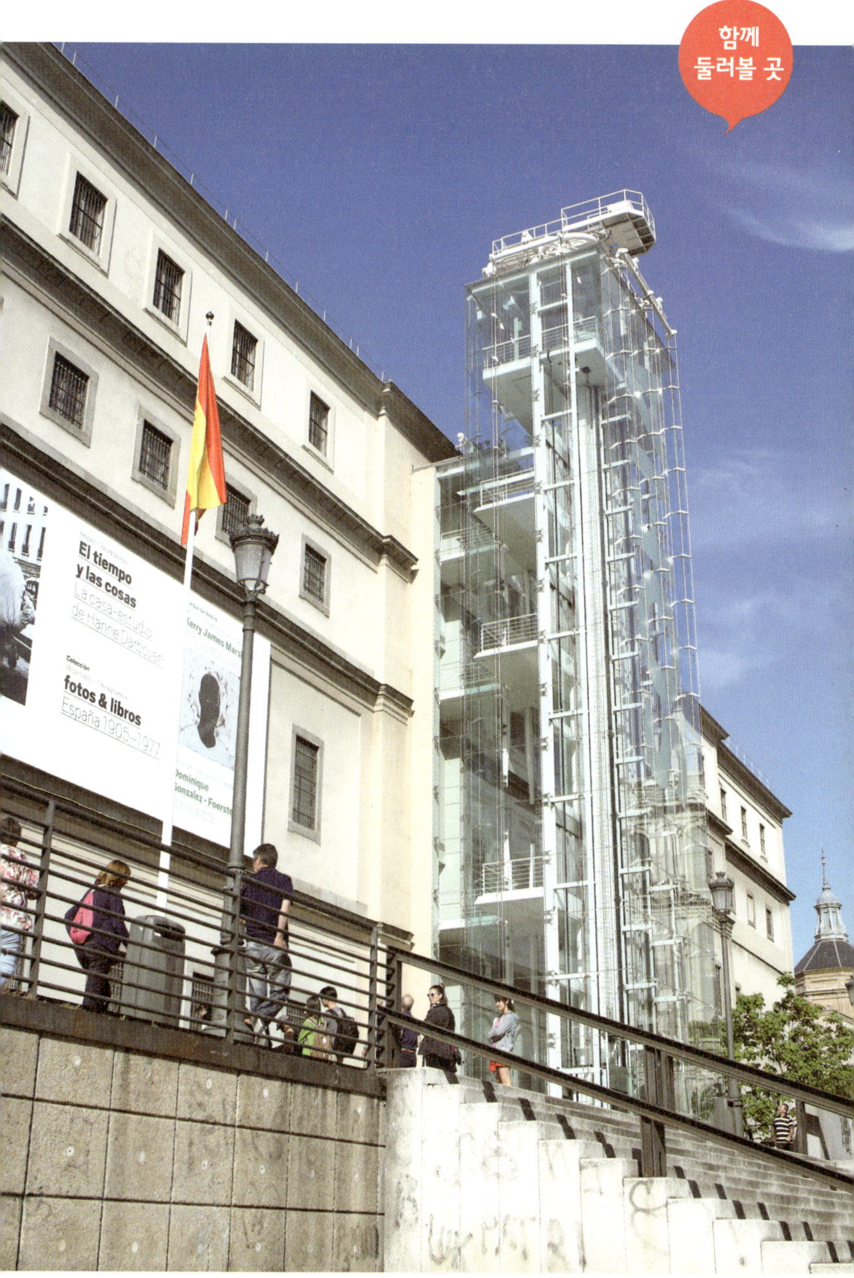
함께
둘러볼 곳

마드리드 관광의 중심지
솔 광장 Puerta del Sol

마드리드의 가장 중심 광장이 마요르 광장이라면 솔 광장은 마드리드 관광의 중심이 되는 곳이다. 솔 광장은 마드리드에서 스페인 각지로 통하는 10개의 도로가 시작되는 곳이기도 하고, 마드리드와의 거리를 측정할 때 기준이 되는 제로 포인트가 있는 곳이기도 하다.

솔 광장의 정확한 명칭은 푸에르타 델 솔인데, '태양의 문'이라는 뜻을 가지고 있다. 또한 솔 광장 한쪽에서는 마드리드의 상징인 소귀나무와 곰 조각상을 만날 수 있다.

주소 Puerta del Sol
교통 지하철 Puerta del Sol 역에서 바로

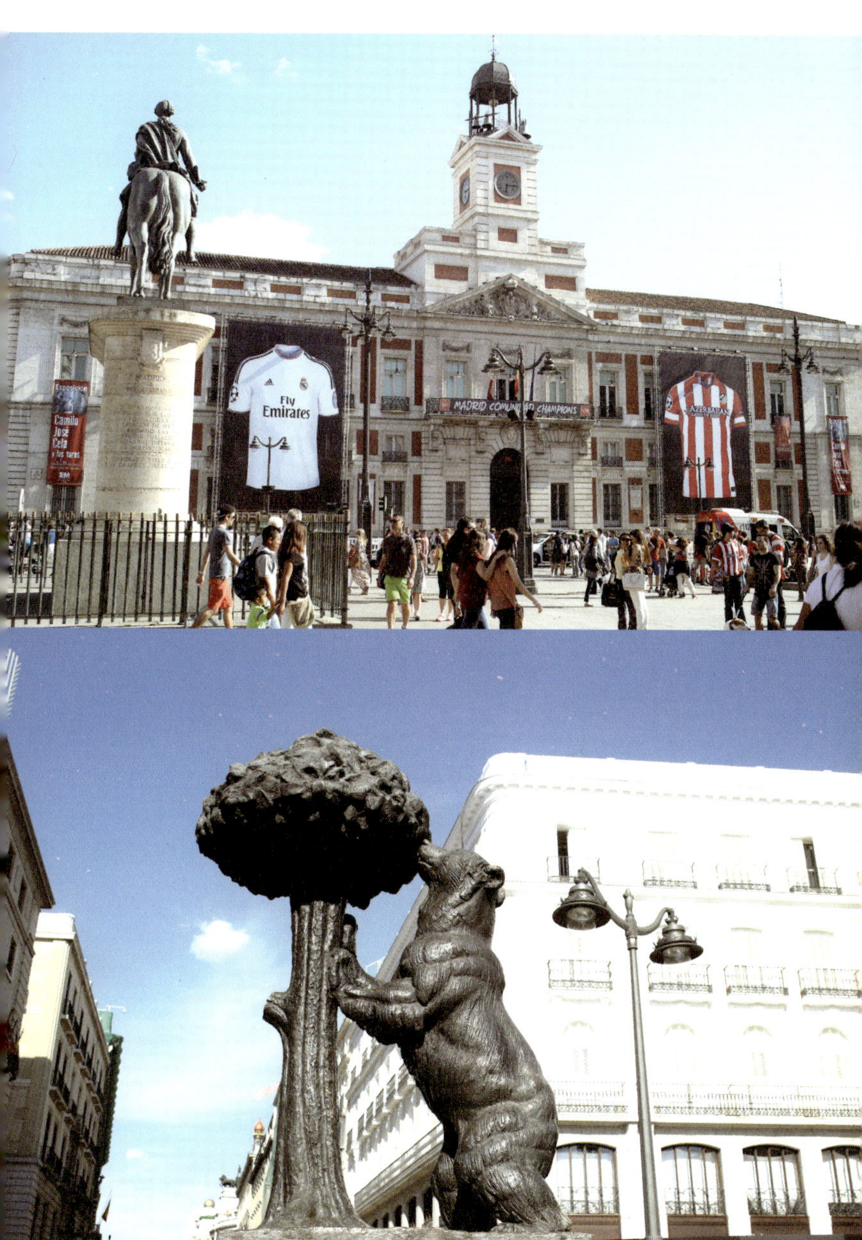

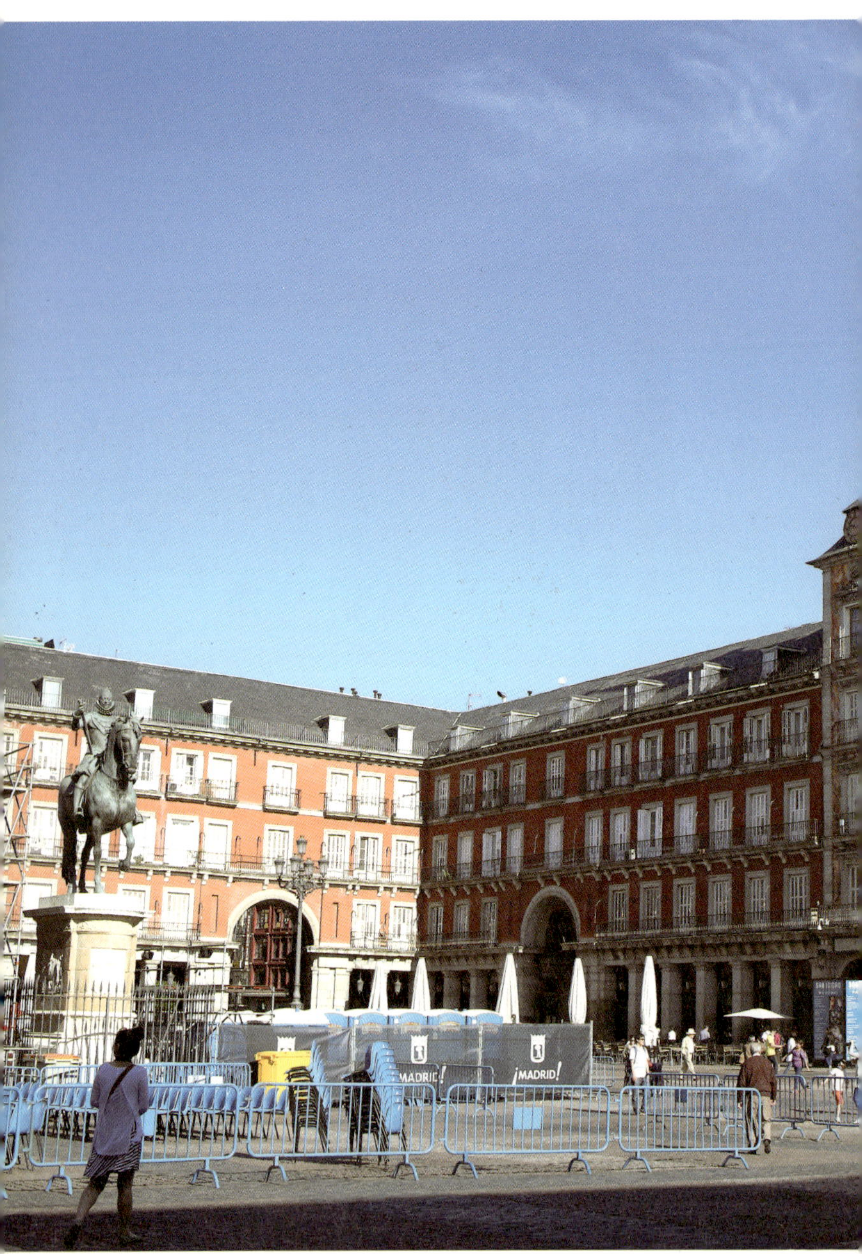

MADRID!
¡MADRID!

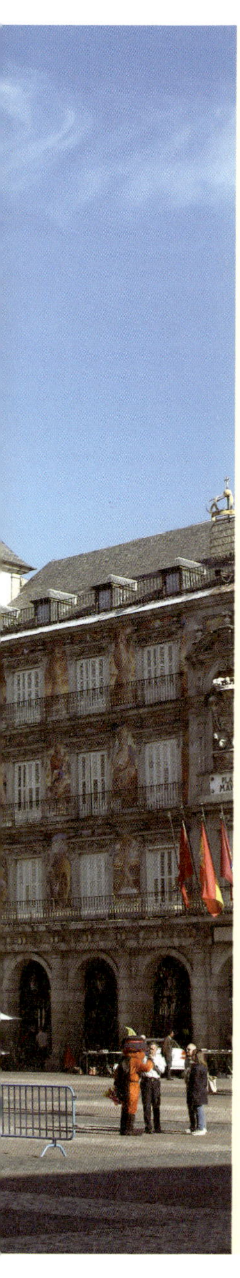

마드리드의 대표 광장
마요르 광장 Plaza Mayor

마드리드를 대표하는 광장인 마요르 광장
은 네 면이 웅장한 건물로 둘러싸여 있다.
한때는 왕의 취임식이나 투우 경기장, 교
수형 등이 치러지는 장소로 사용되었으나
현재는 마드리드의 수호성인 성 이시드로
축제가 매년 열린다.

또한 매주 일요일에는 오래된 우표를 판매
하는 시장이 열려 우표 마니아들의 발길을
이끈다. 더불어 12월 크리스마스 시즌에는
이곳에서 크리스마스 마켓이 열린다.

광장 가운데에는 펠리페 3세의 기마상이
세워져 있다. 광장 주변을 둘러싼 건물들
에는 레스토랑과 카페, 기념품 숍, 인포메
이션 등이 함께 있어 마드리드 여행의 중
심지로 손색이 없다.

주소 Plaza Mayor
교통 지하철 Puerta del Sol 역에서 도보 5분

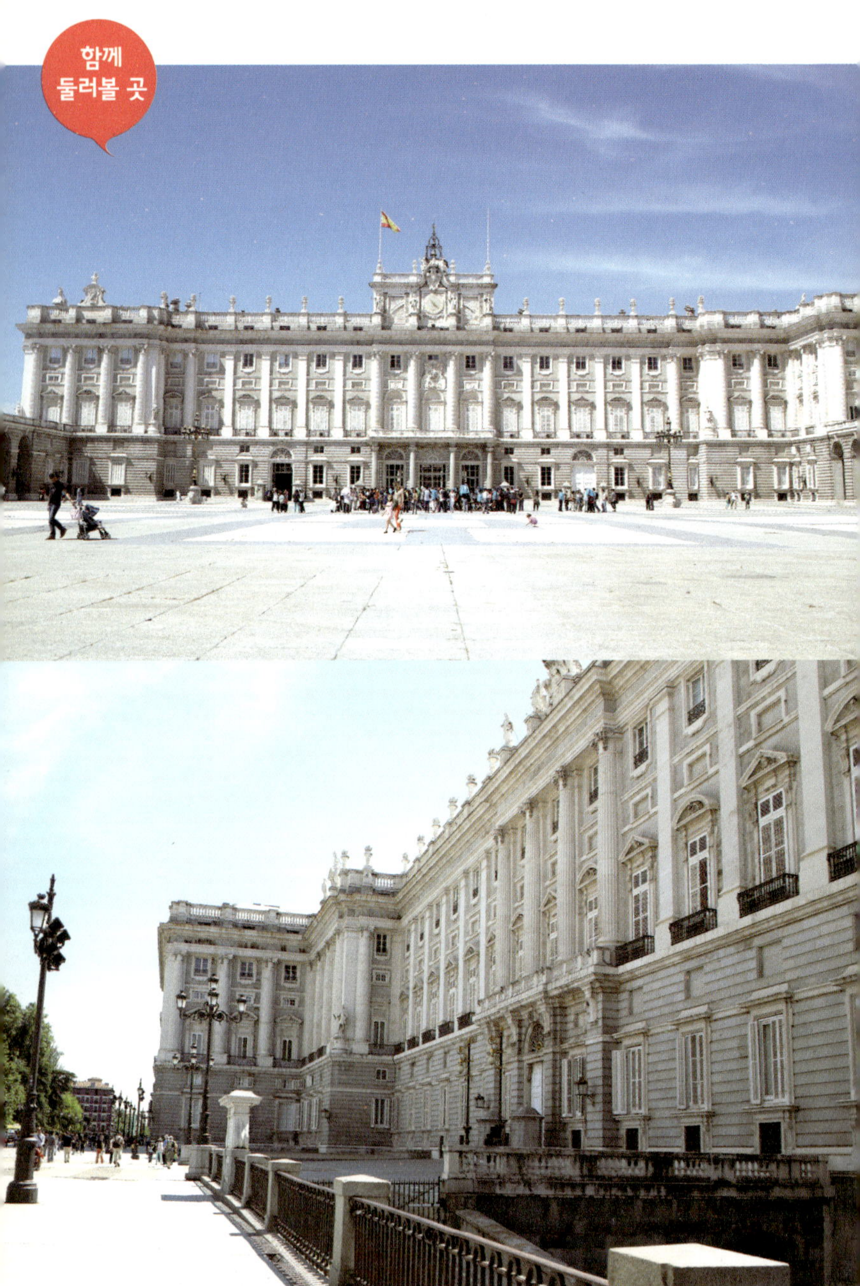

마드리드 왕궁 Palacio Real

마드리드의 중심에 위치한 왕궁은 스페인에서 가장 호화스러운 왕궁으로 알려져 있다. 이 궁전은 18세기 중반에 펠리페 5세에 의해 베르사유 궁전과 비슷한 스타일의 바로크 양식으로 지어졌는데, 원래 이곳은 9세기에 세워진 무슬림의 요새 알카사르 궁전이 있던 곳이다. 알카사르 궁전은 1734년 화재로 소실되었고, 그 자리에 마드리드 왕궁이 세워졌다.

마드리드 왕궁은 스페인을 대표하는 왕궁이기는 하지만, 사실 이곳은 왕실의 공식 행사 때만 가끔 사용되고, 실제 왕실 사람들은 마드리드 교외에 위치한 팔라시오 데 라 사르수엘라에 머문다.

왕궁의 일부는 일반에 공개되고 있으며, 왕궁 내부에서는 스페인을 대표하는 화가인 고야와 벨라스케스를 비롯해 많은 거장들의 작품을 볼 수 있다. 베르사유 궁전의 '거울의 방'을 모사해서 만든 '옥좌의 방' 또한 왕궁에서 꼭 보아야 할 곳이다.

주소 Calle Bailén, s/n
교통 지하철 Opera 역에서 도보 5분
시간 여름(4~9월) 10시~20시, 겨울(10~3월) 10시~18시
요금 일반 10유로 / 무료 : 5월 18일, 월~목요일 18~20시(여름), 16~18시(겨울)
휴관 5월 1일, 12월 24~25일, 12월 31일
홈페이지 www.patrimonionacional.es

알무데나 대성당 Catedral de la Almudena

마드리드 왕궁 옆에 있는 이 성당은 스페인 왕실의 주 성당이자 마드리드의 대성당으로, 마드리드의 수호성인인 알무데나를 기리는 성당이다.

알무데나는 아랍어로 '성벽'이라는 뜻의 알무다이나에서 유래한 것으로, 당시 마드리드를 점령했던 무슬림에게 성모상이 파괴될까 우려해 성벽에 성모상을 숨겨 놓았는데, 이 성모상이 무려 300년 후에 발견되면서 붙여진 이름이다.

성당의 외관이나 내부는 크게 주목할 것은 없지만, 스페인 내전의 영향을 받았고, 무슬림에게 한때 점령을 당했으며, 성모상이 성벽 속에 숨겨져 있었던 아픈 과거가 함께 어우러져 마드리드에서 빼놓을 수 없는 명소로 자리잡고 있다.

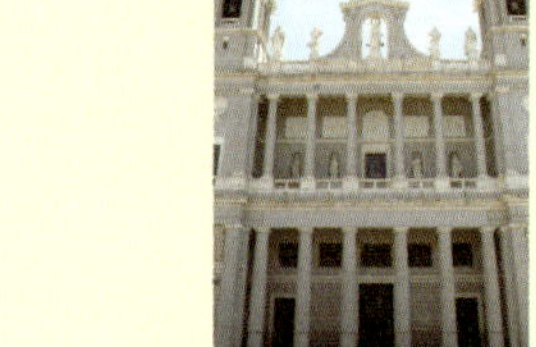

주소 Calle Bailén, 10
교통 지하철 Opera 역에서 도보 6분

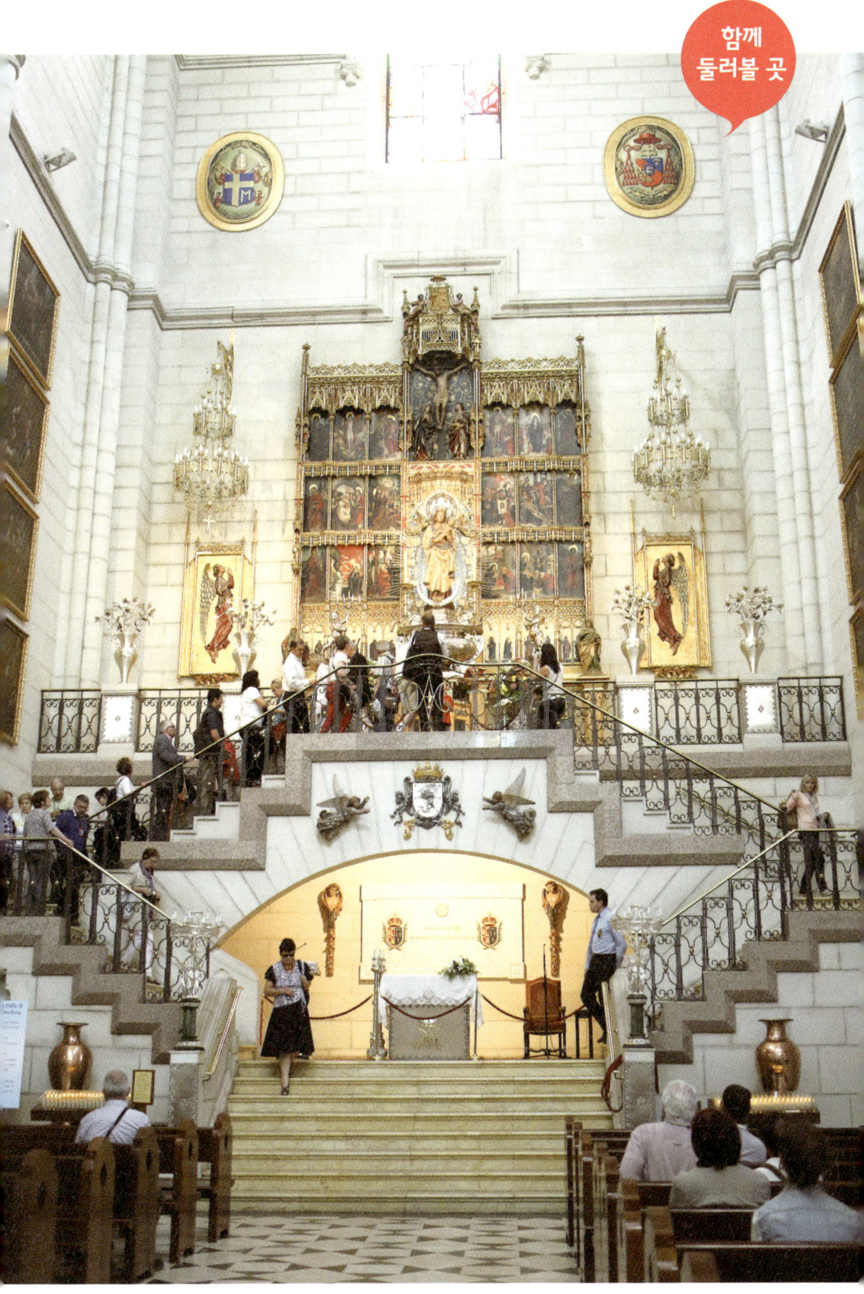
함께
둘러볼 곳

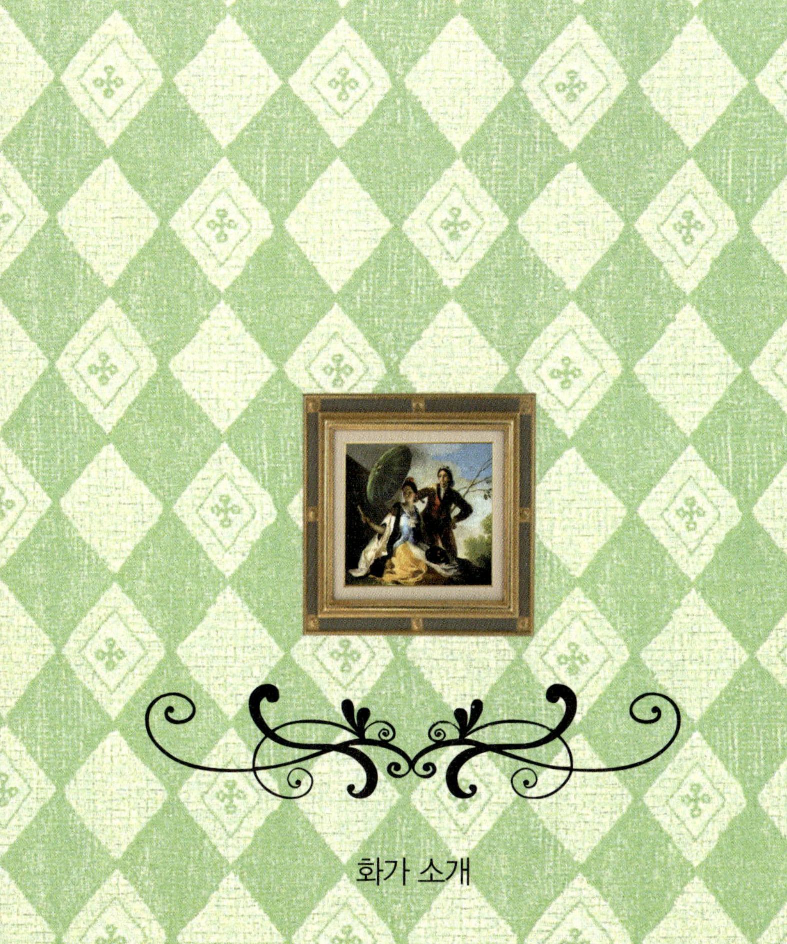

화가 소개

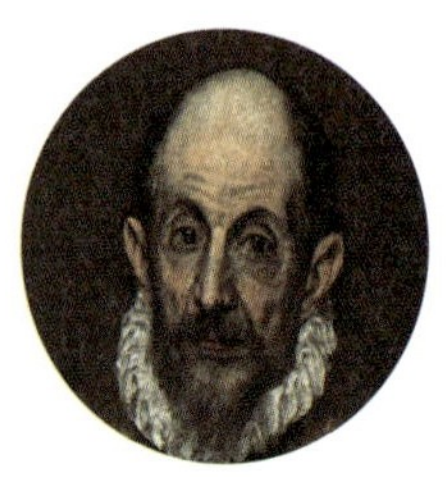

엘 그레코

El Greco, 1541~1614

엘 그레코는 1541년 그리스의 크레타 섬 칸디아에서 태어났다. 본명은 도메니코스 테오토코폴로스인데, 스페인어로 '그리스인'이라는 뜻인 엘 그레코가 그의 이름이 되었다.

엘 그레코는 세무사 아버지 밑에서 태어나 부유한 가정에서 자랐으며, 예술뿐 아니라 다양한 학문 교육도 받을 수 있었다. 칸디아에서 활동을 하다 26세가 되던 1567년 칸디아를 떠나 베네치아로 갔다. 그리고 이곳에서 당대 최고의 거장인 티치아노를 만나게 된다.

엘 그레코가 베네치아에 머문 시간은 3년 정도로 짧았지만 그는 이 시기 동안 자신의 화풍을 결정하게 된다. 그리고 1570년에는 로마의 파르네제 궁에 머물며, 평생의 친구가 된 스페인 신부 루이스 데 카스티자를 만나게 되고 여러 지성인들과 교류를 갖는다.

1572년 로마에 온 지 2년 후에 도미니코 그레코라는 이름으로 화가 길드에 등록을 해서 활동을 시작하지만 순탄치 않았다.

결국 35세가 되던 1576년, 이탈리아를 떠나 스페인으로 건너간다. 그는 당시 스페인의 통치자인 펠리페 2세로부터 후원을 받을 수 있으리라는 기대를 가지고 있었다. 마드리드를 거쳐 톨레도에 머물며 활동을 시작한 엘 그레코는 결국 펠리페 2세로부터 후원을 받는 데는 성공했으나 결과는 그다지 만족스럽지는 않았다. 1561년까지 스페인의 수도였던 톨레도는 당시 스페인 가톨릭의 중심지였기에, 그는 주로 종교화를 의뢰 받아 종교화와 초상화 위주로 그림을 그렸다. 그리고 사망할 때까지 40여 년을 톨레도에 머물면서 작품 활동을 이어 갔다.

엘 그레코가 톨레도에서 처음 의뢰를 받은 작품은 〈그리스도의 옷을 벗김〉이었다. 이 작품은 엘 그레코만의 독창적인 구도를 보여 주는 뛰어난 걸작 중 하나다.

❶ 그리스도의 옷을 벗김

The Disrobing of Christ, 1579년, 캔버스에 유채, 285×173cm, 톨레도 대성당

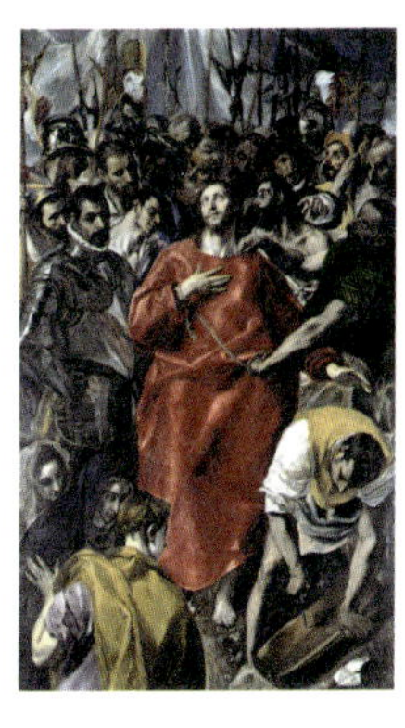

이 그림은 예수가 십자가에 매달리기 직전 병사들이 예수의 옷을 벗기려는 장면을 묘사하고 있다. 오른쪽에는 예수가 못 박힐 십자가에 구멍을 뚫고 있는 사람이 보이고, 왼쪽 아래로는 이를 지켜보고 있는 세 명의 마리아의 모습이 보인다.
중앙에 슬픈 눈으로 하늘을 올려다보는 예수의 표정이 시선을 사로잡으며, 붉은색과 노란색, 초록색의 색채의 조화가 돋보인다.

하지만 당시 의뢰를 했던 톨레도 대성당에서는 성서와 내용이 다
르다는 이유로 이 작품의 수정을 요구했다. 그리고 이 작품에 대
한 보수 또한 지불을 미뤘다. 하지만 엘 그레코는 비용을 지급 받
지 않았기 때문에 그림을 성당에 설치하지 않았고, 당시 톨레도의
'타나시온' 제도, 즉 중재인을 통해 그림의 감정가를 측정해 그림
의 가격을 결정하는 제도를 이용했다.

하지만 엘 그레코가 작품에 대한 강한 긍지로 높은 가격을 제시해
주문자와 서로 합의하지 못하고 결국 소송으로까지 이어진다. 2
년만에 소송은 마무리되었지만, 엘 그레코가 처음 요구했던 금액
보다 훨씬 적은 비용에 합의를 하게 된다. 대신 조건으로 원본 그
림에 대한 어떠한 수정도 하지 않을 것을 조건으로 내세웠다. 이
러한 과정 덕분에 그는 그림의 비용은 적게 받았지만, 그림에 대
한 자존심을 지킬 수 있었다.

그에게는 종교화 작품 의뢰가 많았지만, 자신의 고집대로 그림을
완성해 나갔기 때문에 주문자인 교회와 자주 마찰을 빚었다. 이는
주문자의 요구대로 그림을 완성해 나가는 것은 예술가의 자세가
아니라는 엘 그레코의 생각 때문이었다.

그의 이러한 자세는 창의적인 작품을 그리는 데 많은 도움이 되었
다. 특히 당시의 회화와는 전혀 다른 그만의 독특한 인물 표현이
나 색채, 공간 처리 등 비현실적이면서도 신비로운 독특한 화풍을
이어 나갈 수 있었다.

❷ 삼위일체

The Trinity, El Greco, 1577~1579년, 캔버스에 유채, 300×179cm, 프라도 미술관

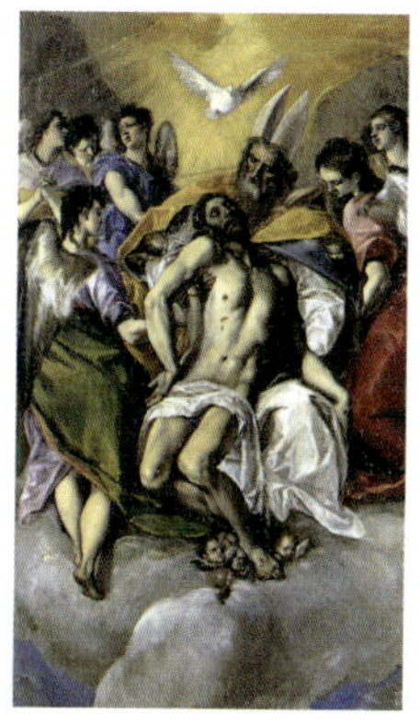

이 작품은 톨레도의 산토 도밍고 안티구오 수도원의 제단화로, 성모 승천 대축일을 기념해 제작한 것이다. 이 작품은 그가 스페인에 처음 정착할 때 주문 받은 것이라 이탈리아 풍의 성향이 남아 있는 것을 엿볼 수 있다. 또한 그가 톨레도에서 명성을 얻고 정착을 하는 데 도움이 된 작품이다.

그림을 보면 '성자'인 예수의 시신이 '성부'인 하느님의 무릎에 누워 있고, 그들을 둘러싸고 천사의 모습이 보인다. 또한 '성령'을 대변하고 있는 비둘기가 하늘에 그려져 있어, 성부와 성자와 성령의 삼위일체를 표현하고 있다.

하지만 이 작품을 처음 본 톨레도 시민들에게는 그림 속 죽은 예수의 모습은 낯설게만 느껴졌다. 기존에 보던 야윈 모습이 아닌, 건강한 남성의 모습으로 묘사되었기 때문이다. 또한, 예수를 안고 있는 성부의 관이 그리스 정교회 사제들이 쓰고 있는 관이기 때문에 더욱 반발심을 일으켰다.

시민들의 의견뿐만 아니라 그림을 주문했던 추기경 등의 요구에도 불구하고 엘그레코는 그림을 수정하기를 거절했다.

❸ 가슴에 손을 얹은 기사

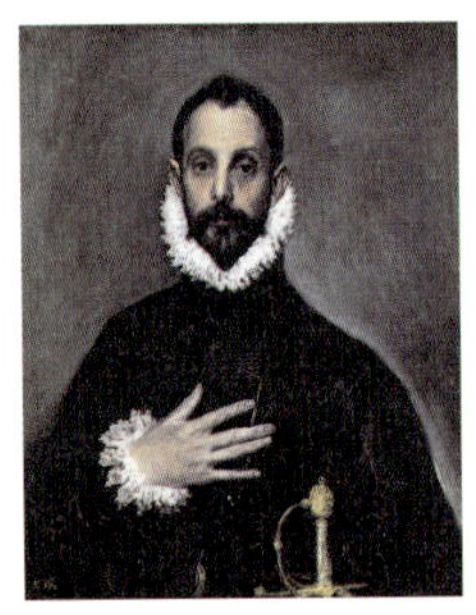

엘 그레코는 이 그림을 통해 전형적인 스페인 귀족의 모델을 창조했다. 작품 속 기사는 왼손으로 검을 쥐고 있고, 오른손을 가슴에 얹고 있어 '기사의 서약'이라고 불리기도 한다. 마치 기사 작위를 부여 받고 있는 의식 중의 한 장면처럼 묘사되었기 때문이다.

흰 블라우스와 소매 등의 섬세한 표현이 뛰어나고, 가는 금목걸이와 금색의 칼자루 등이 어둠 속에서 빛나며 기사의 귀족적인 풍모를 보여 준다. 게다가 시선 또한 그림 앞에 서 있는 인물을 뚫어지게 쳐다보고 있어 그의 시선에 사로잡히게 된다.

또한 얼굴과 더불어 그의 손에도 시선이 집중된다. 엘 그레코 그림의 특징은 이야기를 하는 것 같은 손의 표현력인데, 이 그림 역시 손끝까지 섬세한 표현을 통해, 마치 자신이 기사가 되었다는 이야기를 전달하는 것 같은 느낌을 받게 된다.

이 그림의 주인공이 누구인지는 확실하지 않지만, 산티아고의 돈 후안 드 실바 또는 《돈키호테》의 저자인 세르반테스라고 추측하고 있다.

말년에 그는 긴 병마와 싸우다 1614년 4월 7일 사망했다. 그의 유해는 아들이 마련한 산토 도밍고 엘 안티구오 성당 지하 묘소에 안치되었지만, 비용적인 문제로 산 토르쿠야 성당으로 이장되었다. 하지만 이 성당이 파괴되면서, 엘 그레코의 유골도 행방불명되었다.

그의 유해는 찾을 수 없지만, 그가 남긴 작품들은 19세기 이후 재평가되어 서양 미술사에 한 획을 그은 것으로 인정받고 있다. 선명한 색채와 길쭉한 형상을 표현한 그의 작품들은 후에 폴 세잔을 비롯한 인상파 화가들에게도 영향을 미쳤다.

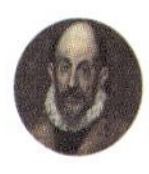

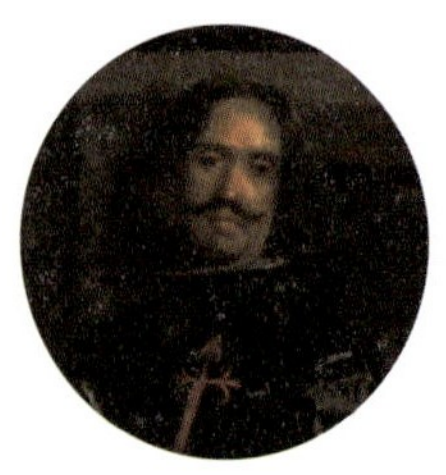

디에고 벨라스케스

Diego Rodriguez de Silvay Velâzqez, 1599~1660

스페인 세비야 출신의 벨라스케스는 17세기 스페인 바로크 시대를 대표하는 궁정 화가다.

그는 고향인 세비야에서 처음 그림을 그리기 시작했는데, 프란시스코 에레라의 공방에서 처음 그림을 배웠다. 그리고 12세가 되던 1611년부터 약 6년간 프란시스코 파체코의 작업실에서 더욱 실력을 쌓았고, 20세 무렵에는 세비야에서 명성을 서서히 얻으면서 1623년 즈음 왕궁이 있는 마드리드에서 궁정화가로 임명되었다.

그는 국왕의 초상화를 그리라는 주문에 하루만에 국왕의 얼굴 부분을 완성해 국왕의 신임을 얻었는데, 펠리페 4세는 심지어 자신의 초상화를 벨라스케스 이외에 아무도 그리지 못하도록 명령해 파격적인 특혜를 주었다.

벨라스케스는 1628년 루벤스가 외교 사절로 마드리드를 방문했을 때 알카사르 궁전에 작업실을 하나 얻어 작업하는 루벤스를 자주 방문하면서 루벤스와 사적인 이야기를 많이 나누게 되었다. 이로 인해 그는 이탈리아 회화에 대한 욕구가 많아졌고, 결국 1629~1631년, 1649~1651년까지 두 번의 이탈리아 여행을 하게 된다.

첫 번째 여행에서는 제노바에서 베네치아, 그리고 피렌체를 거쳐 로마까지 둘러본 후 나폴리를 거쳐 귀국했고, 두 번째 여행에서는 로마를 주 목적지로 여행을 하게 된다. 그리고 이 두 번의 이탈리아 방문을 통해 티치아노나 틴토레토 등의 풍부한 색채와 화풍에 영향을 받게 된다.

❶ 거울을 보는 비너스

Venus at her Mirror, Diego Velázquez, 1647~1651년경, 캔버스에 유채, 122.5×177cm, 런던 내셔널 갤러리

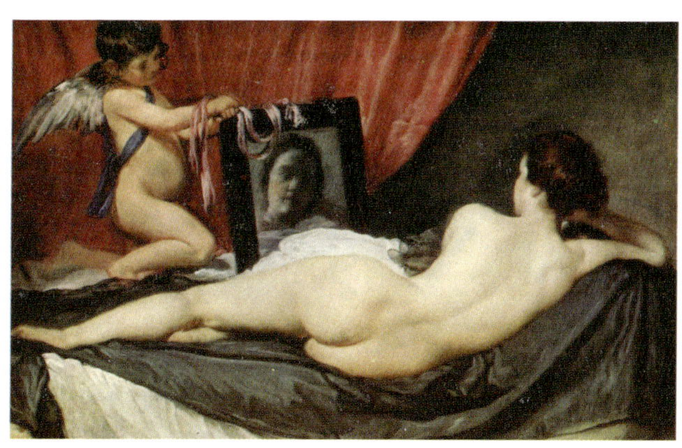

이 작품은 서양 미술사상 가장 매혹적인 여인의 뒷모습을 보여 주는 것으로 평가 받고 있다. 특히 벨라스케스가 그린 네 점의 누드화 가운데 유일하게 남아 있는 누드화로 알려져 있다.

이 작품에서는 사랑의 신인 큐피드가 거울을 들고 있고, 거울을 통해 주인공인 비너스가 보인다. 비너스는 나를 훔쳐보고 있는 듯, 시선을 나에게 향하고 있어 마치 보는 사람으로 하여금 여성의 누드를 훔쳐보다 들킨 느낌마저 들게 한다. 하지만 비너스의 표정을 보면, 자신의 아름다움에 도취된 상태로 나르시즘에 빠져 있는 듯하다.

벨라스케스는 초기에는 풍속화나 종교화 등을 그렸다. 그리고 궁정 화가가 된 이후부터는 알카사르 궁전에 살면서 궁전 속의 이야기들을 그림으로 그렸다. 그가 그린 궁전의 모습 중 가장 유명한 작품으로는 1650년대에 그린 〈시녀들〉이 있는데, 이 작품은 펠리페 4세와 여왕, 그리고 마르가리타 공주와 시녀, 시중들의 모습을 담고 있다.

❷ 시녀들

Las Meninas, Diego Velázquez, 1656년, 캔버스에 유채, 318×276cm, 프라도 미술관

이 작품은 벨라스케스의 최대 걸작이자 프라도 미술관에서도 손꼽히는 작품으로 알려져 있다.

언뜻 보면 이 그림은 시녀들이 주인공인 것처럼 보이지만, 사실은 벨라스케스 자신이 주인공이라는 이야기가 있을 정도로, 시녀들 사이에서 커다란 캔버스에 그림을 그리고 있는 자신의 모습을 비중 있게 그려 넣었다.

그림 속 벨라스케스는 커다란 십자가가 그려져 있는 상의를 입고 있는데 이 십자가는 산티아고 기사단의 표시로,

당시로서는 귀족들의 모임이었기 때문에 벨라스케스가 귀족이 되었음을 보여 주는 것이기도 하다. 하지만 벨라스케스가 기사단의 일원이 된 것은 이 그림을 그리고 나서 3년 후의 일이므로, 붉은 십자가가 있는 상의는 후대에 덧그린 것으로 보인다.

벨라스케스의 오른쪽으로는 스페인 왕 펠리페 4세의 딸인 마르가리타 공주와 시녀, 난쟁이, 궁중 시종장 등이 등장한다. 또한 벽면에 걸린 작은 거울에는 펠리페 4세와 왕비의 모습도 보이는데, 왕과 왕비가 거울에 비치는 것은 화가가 캔버스에 왕과 왕비의 초상화를 그리고 있기 때문이다.

벨라스케스는 이 작품에서 마치 스냅 사진을 찍은 것 같은 세밀한 묘사와 탁월한 원근법으로 후에 입체파 등에 많은 영향을 주었다. 특히 피카소는 이 작품을 끊임없이 모사했다고 전해진다. 또한 이 그림은 1985년 전 세계 미술 전문가들이 뽑은 '미술사에서 가장 위대한 작품'으로 선정되기도 했다.

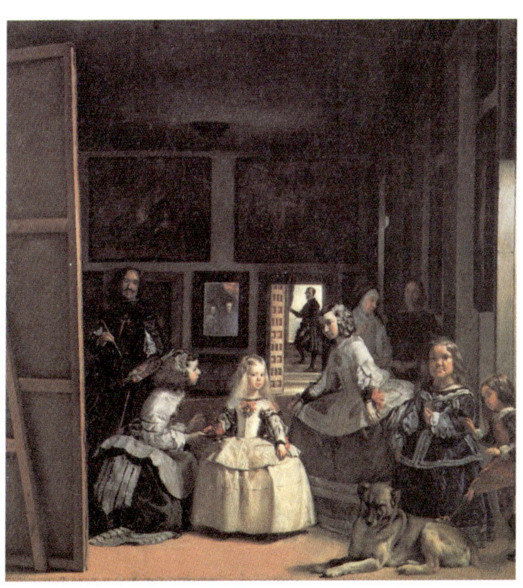

❸ 푸른 드레스를 입은 마르가리타 공주

Infanta Margarita Teresa in a Blue Dress, Diego Velázquez, 1659년, 캔버스에 유채, 127×107 cm, 빈 미술사 박물관

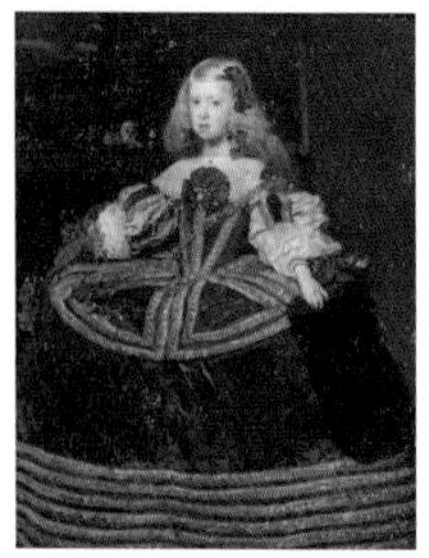

벨라스케스는 스페인의 궁중 화가로 활동하면서 특히 왕실의 초상화를 많이 그렸다. 마르가리타 공주의 초상화는 그녀가 3세 때부터 벨라스케스에 의해 그려져, 오스트리아의 합스부르크 왕궁으로 보내졌다. 그녀는 레오폴드 1세의 유력한 신부감 중 한 명이었기 때문이다. 이후 그녀는 1666년 레오폴드 1세와 결혼했고, 네 아이를 출산했다. 하지만 21세의 젊은 나이로 사망해 안타까움을 준다.

벨라스케스의 대표작인 〈시녀들〉에 등장하는 어린 소녀가 바로 마르가리타 공주다. 벨라스케스는 마르가리타 공주가 8세가 되던 해에 이 작품을 그렸고, 2년 후에 세상을 떠났다.

신분에 민감했던 벨라스케스는 신분 상승의 욕구가 많았는데 당시 화가는 천한 신분으로 여겨졌기 때문이다. 그래서 왕의 명령에 의해서만 그림을 그리는 철저한 궁정 화가로 생활을 했고, 결국 그는 1659년 산티아고 기사단에 입단하게 된다.

당시 산티아고 기사단은 순수한 혈통의 귀족만이 가입할 수 있었는데, 그는 백 명이 넘는 증인을 동원해 복잡한 심사를 거쳐, 죽기 1년 전에야 교황의 특별 허가를 받아내 기사단의 제복을 입을 수 있었다.

벨라스케스는 프랑스와 스페인이 평화 조약을 맺는 의식에서 돌아온 직후인 1660년 8월 6일 열병에 걸려 알카사르 궁전에서 사망했다. 그는 사망했지만 그의 화풍은 후대에 많은 화가들에게 영향을 끼쳤다. 다양한 시선의 인물 표현이나, 그만의 사실적인 빛 처리 방식은 당대 최고라고 해도 과언이 아니었다.

하지만 아쉽게도 벨라스케스의 많은 작품들이 1734년 알카사르 궁전이 화재로 소실되면서 사라지거나 심하게 손상되었다. 그리고 궁전이 있던 이 자리에 펠리페 5세의 지시에 따라 마드리드 왕궁이 지어졌다.

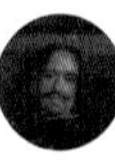

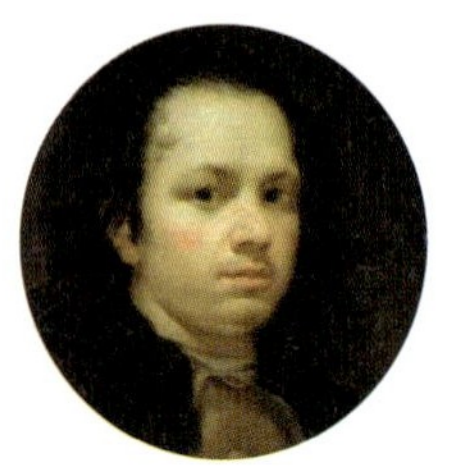

프란시스코 고야

Francisco José de Goya y Lucientes, 1746~1828

고야는 18세기 후반부터 19세기 초반의 스페인 미술을 대표하는 화가로, 스페인 궁정 화가로 활동하며 로코코와 낭만주의 미술 작품을 남겼다.

고야는 1746년 스페인 아라곤의 푸엔데토도스라는 시골 마을에서 금박 세공사의 아들로 태어났다. 그는 어릴 때 사라고사로 이주했고, 그곳의 가톨릭 수도원 학교에서 교육을 받았다. 그러다 1760년부터 사라고사의 종교 화가인 호세루산 화실에서 4년간 그림을 배우게 된다.

1763년 프란시스코와 라몬 바예우 이 수비아스 형제가 마드리드에 세운 공방에 합류해 그림을 그렸다. 하지만 1763년과 1766년 왕립 아카데미의 역사화 경연 대회에서 낙방하면서 아카데미 입성이 좌절되고, 1770년 마드리드를 떠나 이탈리아로 유학을 갔다.

그러다 1773년 호세파 바예우와 결혼을 한 후, 사라고사에서 종교화를 그리며 지내다 1775년 왕립 태피스트리 공장의 부름을 받아 마드리드로 향했다. 마드리드에서 고야는 태피스트리(여러 가지 색실로 그림을 짜 넣은 직물)의 실물 크기 밑그림을 그리게 되었는데, 이 일은 왕실과의 관계가 시작되는 계기가 되었다. 이 시기 고야의 작품들은 산뜻하고 밝은 느낌을 준다. 특히 〈파라솔〉과 〈성 이시드로의 날 축제〉는 고야 초기의 작품을 대표한다.

❶ 파라솔

The Parasol, 1777년, 캔버스에 유채, 104×152cm, 프라도 미술관

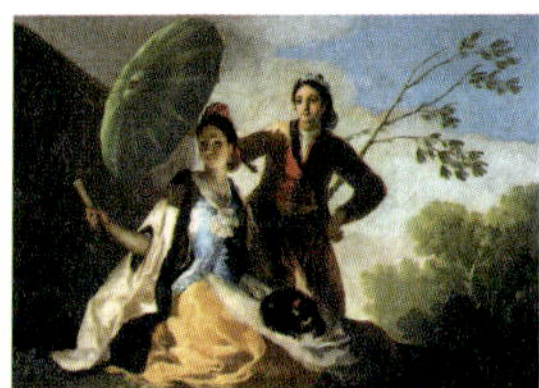

이 그림은 카를로스 4세로 즉위하게 될 스페인 왕자의 식당 벽을 장식하기 위한 태피스트리의 밑그림으로 그린 것으로, 한 젊은이가 한가롭게 쉬고 있는 여인에게 파라솔을 받쳐 주고 있다. 로코코 풍으로 화사하게 그려진 이 그림의 주인공은 평범한 노동자들로, 파란색과 노란색의 조화가 돋보이는 집시 풍의 화려한 옷을 입고 있는 여인의 의상과 커다란 눈동자가 사랑스럽게 느껴진다.

❷ 성 이시드로의 날 축제

The San Isidro Meadow, 1788년, 캔버스에 유채, 41.9x90.8cm, 프라도 미술관

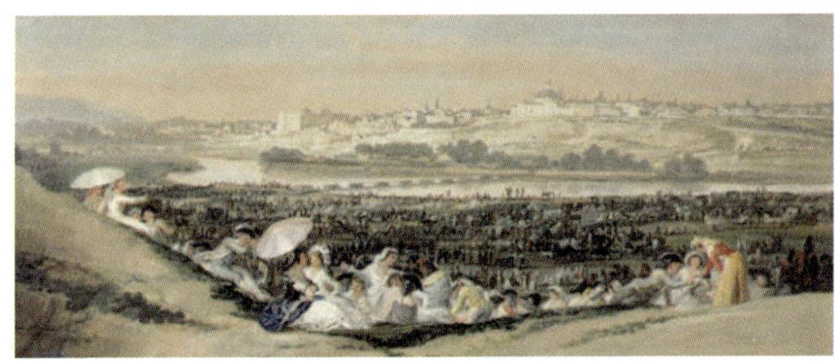

1780년대 고야는 드디어 궁정 화가가 되었다. 당시 스페인은 카를로스 3세가 통치할 때였다. 1789년 카를로스 3세가 죽고, 이어 카를로스 4세가 즉위했지만 고야는 여전히 궁정 화가로 활동했다.

고야는 카를로스 4세의 총애를 입고, 열심히 궁정 화가로 활동했지만 이 시기에 과로에 시달렸다. 이에 1793년 휴가를 얻어 세비아로 여행을 떠난다. 하지만 이 여행에서 알 수 없는 중병에 걸려 그 후유증으로 청력을 잃게 된다. 이후 마드리드로 돌아왔으나 청력을 잃은 이후 고야의 작품은 어두워졌다.

1799년 고야는 에칭 판화집《변덕》을 완성하여 출판했다. 〈변덕〉 연작은 가톨릭 교회, 특히 종교 재판소와 마법, 인간 본성의 타락에 대한 풍자적인 작품인데, 판화의 새로운 미학적 가능성을 탐구한 것으로 총 80점의 동판화로 이루어졌다.

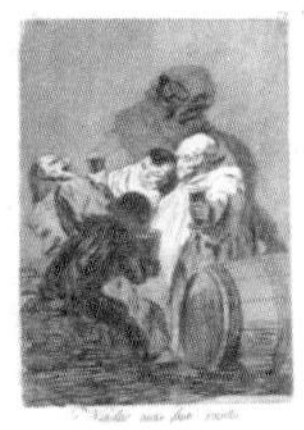 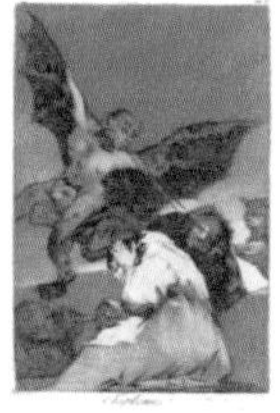 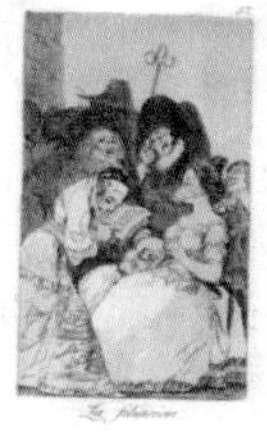 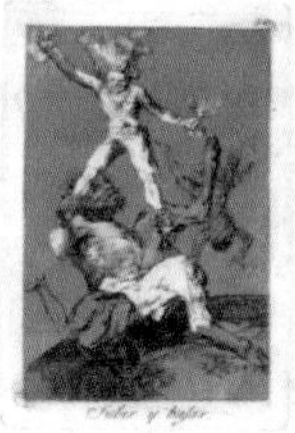

또한 1814년에는 〈1808년 5월 2일〉과 〈1808년 5월 3일〉을 그렸는데, 〈1808년 5월 3일〉은 마드리드 외곽의 언덕에서 있었던 프랑스 군대의 무자비한 탄압과 학살을 묘사한 것으로, 이 두 작품에서는 고야의 후기 작품들에서 나타나는 음침한 분위기가 느껴진다.

❸ 1808년 5월 3일

The 3rd of May 1808 in Madrid or The executions, Francisco Goya, 1814년,
캔버스에 유채, 268×347cm, 프라도 미술관

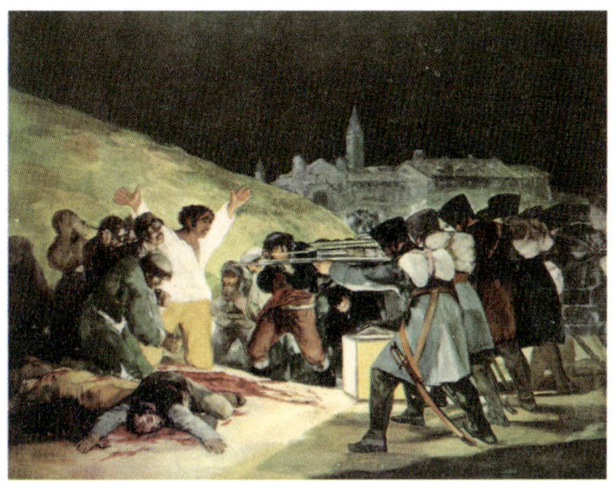

이 작품은 1808년 5월 3일, 스페인에서 프랑스 군대
가 학살글을 자행했던 역사적인 사건을 기록하고 있다.
1808년 5월 2일 나폴레옹이 이끄는 프랑스 군대의 점
령에 화가 난 마드리드 시민들이 거대한 폭동을 일으켰
다. 나폴레옹은 당시 스페인의 왕이었던 페르디난도 7
세를 대신해 자신의 형인 조제프 보나파르트를 스페인
왕위에 앉혔고, 이에 스페인 국민들이 불만이 품고 봉기
를 일으켰다.

하지만 폭동 다음날인 1808년 5월 3일, 프랑스 군대가
폭동에 가담했던 시민들을 처형하는 사건을 일으켰고,
이 작품은 프랑스 군대가 가담자들을 처형하는 장면을
그린 것이다. 당시 마드리드 시 외곽과 시내 곳곳에서
처형이 이루어졌는데, 고야는 프랑스 군대의 비인간적
인 모습을 그림에 담았다. 특히 흰옷을 입고 두 팔을 벌
리고 있는 남자의 모습만이 유일하게 밝게 표현되어 있
어서, 어둡고 암담한 배경과 함께 당시의 처참한 상황을
잘 보여 주고 있다.

1819년 고야는 마드리드 근교에 별장을 구입했는데, 그곳은 '귀머거리 집'이라는 별명이 붙었다. 고야는 그곳에서 두 방의 벽 전체에 '검은 그림들' 연작인 14점의 대형 벽화를 그려 넣었다. 이 그림들은 미술사에서도 가장 공포스러운 그림 중 하나로 손꼽힐 정도로, 검은 색조와 소름끼치는 주제를 담고 있다.

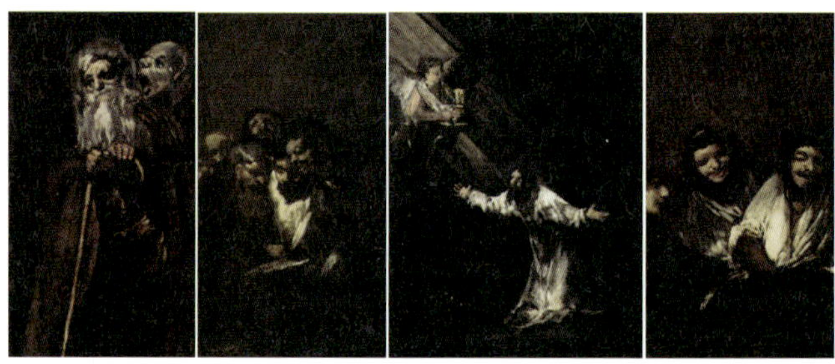

❹ 아들을 잡아먹는 사투르누스

Saturn devouring his son, Francisco Goya,
1820~1823년, 캔버스에 유채, 143.5×81.4cm,
프라도 미술관

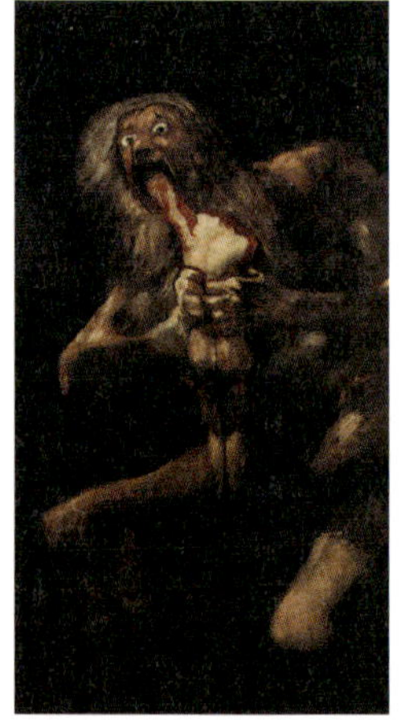

146

프라도 미술관에는 고야의 검은 회화 작품들이 전시되어 있는데, 그중 이 작품이 가장 충격적이고 섬뜩한 작품이다. 사투르누스는 로마 신화에 나오는 신으로 '씨를 뿌리는 자'라는 뜻을 가지고 있다. 사투르누스는 자신의 아들이 자라서 자신을 파멸시킬까 두려워 아들을 낳는 족족 잡아먹어 자신의 권력을 지켰다. 이 그림은 사투르누스 신이 자신의 아들을 잡아먹는 장면을 그린 것으로, 아들은 피를 뚝뚝 흘린 채 아버지에게 먹히고 있다.

하지만 그의 아내인 레아는 사투르누스 신의 이런 만행을 보다 못해, 막내아들이 태어나자마자 그를 숨기고 커다란 돌을 포대기에 싸서, 사투르누스로 하여금 삼키게 한다. 살아서 도망을 간 막내아들은 나중에 성인이 되어 돌아와 아버지에게 약을 먹여 전에 먹었던 형제들을 모두 토해 내게 했다. 이 막내아들이 후에 올림포스 신들의 왕이 되는 유피테르(제우스)다.

고야는 이 작품을 자신의 집 식당 벽에 그려 놓았는데, 나중에 고야가 죽은 후 저택의 주인이 벽의 그림을 캔버스로 옮겨 복원하여 국가에 헌납했다.

고야는 프랑스 보르도로 이주하였고, 1828년 그곳에서 생을 마감했다.

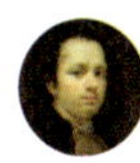

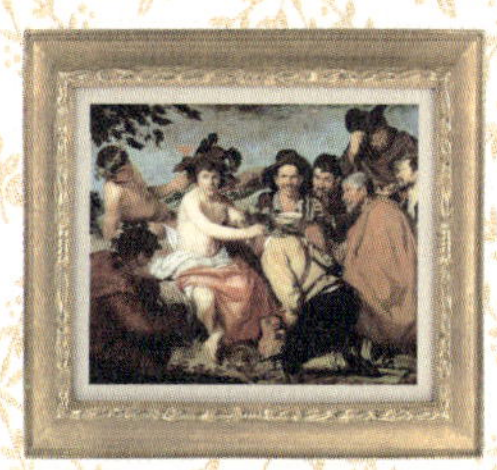

유럽 미술사 살펴보기

기원전

고대 미술

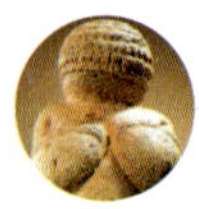

2만 5천~2만 년 〈빌렌도르프의 비너스〉, 빈 자연사 박물관
2만 5천 년 〈알타미라 동굴 벽화〉, 산티아나 델 마르 동굴
2천 년 〈스톤헨지〉, 영국 솔즈베리 평원

그리스 미술(에게 미술)

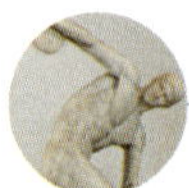

450년 마론, 〈원반 던지는 사람〉, 로마 국립 미술관
438년 〈파르테논 신전〉, 대영 박물관
390년 〈네레이드 신전〉, 대영 박물관
180년경 〈페르가몬 제단〉, 베를린 페르가몬 박물관

헬레니즘 미술

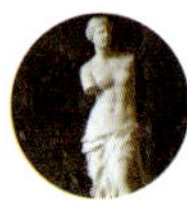

190년 〈사모트라케의 니케〉, 루브르 박물관
175년 〈라오콘〉, 바티칸 박물관
100년 〈밀로의 비너스〉, 루브르 박물관

기원후

로마 미술

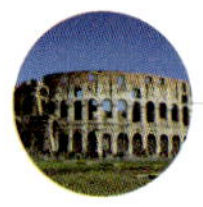

14~29년 〈프리마 포르타의 아우구스투스상〉, 바티칸 박물관
80년 〈콜로세움〉, 로마
81년 〈티투스 황제의 개선문〉, 로마
1세기경 〈포틀랜드 꽃병〉, 대영 박물관

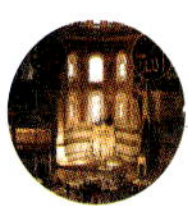

비잔틴 미술

360년 〈아야소피아 성당〉, 이스탄불
547년 〈유스티니아누스 황제와 수행자들〉, 라벤나 산 비탈레 성당

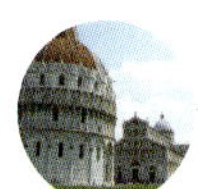

로마네스크 미술

1118년 〈피사 대성당〉, 피사

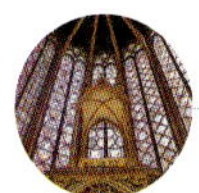

고딕 미술

1163년 〈노트르담 대성당〉, 파리
1280년 치마부에, 〈마에스타〉, 루브르 박물관
1434년 얀 반 에이크, 〈아르놀피니 부부의 초상〉, 내셔널 갤러리

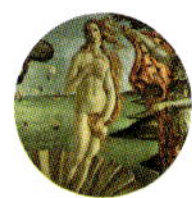

르네상스 미술

1485년 보티첼리, 〈비너스의 탄생〉, 우피치 미술관
1495~1497년 레오나르도 다빈치, 〈최후의 만찬〉, 산타 마리아 델레 그라치에 성당
1499년 미켈란젤로, 〈피에타〉, 바티칸 성당
1500년 알브레히트 뒤러, 〈자화상〉, 알테 피나코테크
1503~1506년 레오나르도 다빈치, 〈모나리자〉, 루브르 박물관
1505~1513년 미켈란젤로, 〈죽어 가는 노예상〉, 루브르 박물관
1507년 알브레히트 뒤러, 〈아담과 이브〉, 프라도 미술관
1511년 라파엘로, 〈아테네 학당〉, 바티칸 박물관
1508~1511년 미켈란젤로, 〈천지창조〉, 바티칸 박물관
1533년 한스 홀바인, 〈대사들〉, 내셔널 갤러리
1534~1541년 미켈란젤로, 〈최후의 심판〉, 바티칸 박물관
1563년 브뢰겔, 〈바벨 탑〉, 빈 미술사 박물관
1555~1558년 브뢰겔, 〈이카로스의 추락이 있는 풍경〉, 벨기에 왕립 미술관

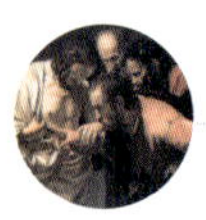

바로크 미술

1601~1602년 카라바조, 〈의심하는 도마〉, 포츠담 상수시 궁전

1601~1605년 카라바조, 〈성모의 죽음〉, 루브르 박물관

1612~1614년 루벤스, 〈십자가에서 내림〉, 안트베르펜 대성당

1620년 젠틸레스키, 〈홀로페르네스의 목을 베는 유디트〉, 우피치 미술

1622년 반 다이크, 〈수산나의 목욕〉, 알테 피나코테크

1642년 렘브란트, 〈야간 순찰〉, 암스테르담 국립 미술관

1647~1652년 베르니니, 〈성 테레사의 환희〉, 산타마리아 델라 비토리아 성당

1656년 벨라스케스, 〈시녀들〉, 프라도 미술관

1666년 베르메르, 〈진주 귀걸이를 한 소녀〉, 마우리츠하이스 미술관

1669년 렘브란트, 〈63세의 자화상〉, 내셔널 갤러리

1669~1670년 베르메르, 〈레이스 뜨는 여인〉, 루브르 박물관

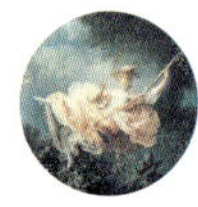

로코코 미술

1756년 프랑수아 부셰, 〈퐁파두르 부인의 초상〉, 알테 피나코테크

1776년 프라고나르, 〈빗장〉, 루브르 박물관

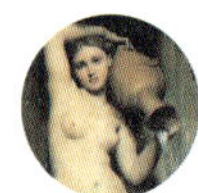

신고전주의, 낭만주의 미술

1800~1803년 고야, 〈벌거벗은 마야〉, 프라도 미술관

1805~1807년 다비드, 〈나폴레옹 대관식〉, 루브르 박물관

1819년 제리코, 〈메두사호의 뗏목〉, 루브르 박물관

1830년 들라크루아, 〈민중을 이끄는 자유의 여신〉, 루브르 박물관

1844년 터너, 〈비, 증기, 속도 – 위대한 서부 철도〉, 내셔널 갤러리

1852년 밀레이, 〈오필리아〉, 테이트 브리튼 갤러리

1856년 앵그르, 〈샘〉, 오르세 미술관

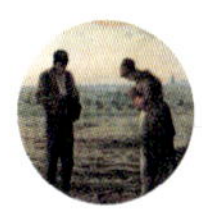

사실주의

1859년 밀레, 〈만종〉, 오르세 미술관

인상주의 & 신인상주의 미술

1863년 마네, 〈풀밭 위의 점심〉, 오르세 미술관
1872년 모네, 〈인상 : 해돋이〉, 마르모탕 미술관
1876년 드가, 〈압생트를 마시는 사람〉, 오르세 미술관

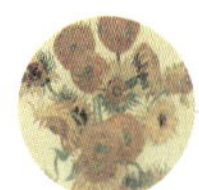

후기 인상주의 미술

1888년 고흐, 〈해바라기〉, 내셔널 갤러리
1892년 고갱, 〈아레아레아(기쁨)〉, 오르세 미술관
1892년 르누아르, 〈피아노를 치는 소녀들〉, 오르세 미술관
1899년 모네, 〈수련〉, 오랑주리 미술관

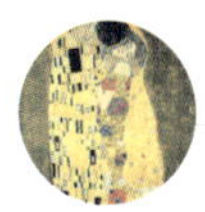

아르누보 양식

1907~1908년 클림트, 〈키스〉, 벨베데레 궁전

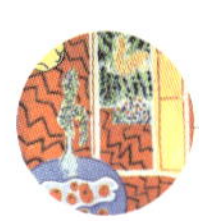

야수주의 & 입체주의 미술

1907년 피카소, 〈아비뇽의 처녀들〉, 뉴욕 현대 미술관
1911년 브라크, 〈벽난로 위의 럼과 클라리넷〉, 테이트 모던
1948년 마티스, 〈붉은색 실내〉, 퐁피두 미술관

추상주의 & 초현실주의 미술

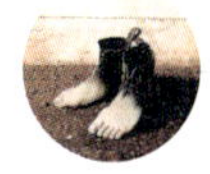

1935년 르네 마그리트, 〈붉은 모델〉, 퐁피두 센터
1937년 달리, 〈나르시스의 변형〉, 테이트 모던

1. 고대 미술

고대 미술은 기원전 3만 년 무렵에 시작되었다. 이 당시 유럽에서는 최초의 미술 작품으로 알려진 〈빌렌도르프의 비너스〉가 만들어지고, 가장 오래된 그림으로 유명한 〈알타미라의 동굴 벽화〉가 그려졌기 때문에, 이 시기에 고대 미술이 시작된 것으로 여긴다.

고대 미술품들은 누가 제작했는지, 언제 제작했는지, 왜 제작했는지 정확하게 알 수는 없지만, 단순히 감상을 위해 만들어졌다기보다는 목적을 가지고 만들어졌음을 알 수 있다. 그 예로 〈빌렌도르프의 비너스〉는 다산을 기원하기 위해, 〈알타미라 동굴 벽화〉는 사냥을 기원하기 위해 만들어진 것으로 추정하고 있다. 고대 미술품을 제작하기 위한 재료는 짐승의 뼈나 돌 등이 대부분이며, 그림은 주로 동굴 벽에 그렸다.

2. 그리스 미술(에게 미술)

유럽에 본격적으로 미술사가 발달하게 된 것은 그리스 시대부터다. 기원전 1100년경부터 발전한 그리스 미술은 철학이나 신학 등의 내용을 미술로 표현하였다. 특히 신화는 그리스인들에게는 정신적인 뿌리라고 할 만큼 중요한 소재였다. 후기 그리스 미술 시대인 기원전 5세기~기원전 4세기까지는 그리스 미술의 전성기라고 할 수 있다. 이 시기에 황금 분활 법칙이 중요해졌다.

3. 헬레니즘 미술

기원전 323년~기원전 31년 사이에 유행한 미술 양식이다. 이 당시 그리스는 이집트와 시리아, 소아시아, 로도스 섬 등 동방 지역의 문화를 받아들였고, 그것을 통해 미술의 표현과 소재 등이 다양해졌다. 그래서 표정 묘사나 포즈 등에서 더욱 풍부한 표현력으로, 인간의 모습과 감성을 더욱 생동감 있게 묘사했다. 따라서 이 당시의 작품을 보면, 강렬하고 극적인 표현과 육감적이며 사실적인 표현이 많다.

4. 로마 미술

기원전 8세기~기원후 4세기에 고대 로마를 중심으로 발전했던 미술 양식을 로마 미술이라고 한다. 로마 미술은 로마가 그리스를 정복하면서부터 그리스 미술에서 발전되었다. 초기 로마 미술 회화는 인간의 모습을 사실적으로 묘사했고, 그리스의 프레스코화나 모자이크, 템페라 등의 기법을 사용했다. 하지만 점차 표현도 다양해지고 감정적인 내용을 표현하게 되었으며, 건축에서는 주로 실용적이면서도 건축미를 추구하는 형태가 발달되었다. 특히 아치 등이 많이 사용되었으며, 콘크리트 사용도 시작되었다.

5. 비잔틴 미술

비잔틴 미술은 5~10세기 동로마 제국에서 발전했던 미술로, 당시의 시대적, 지리적 요건에 따라 지금의 이스탄불인 콘스탄티노플을 중심으로 동방 미술과 헬레니즘 미술이 혼합되어 발전했다. 비잔틴 미술의 특징은 모자이크와 성상화가 많다는 점이다. 당시에는 성상화가 초자연적인 힘을 가지고 있다고 믿었기에, 성자나 성자의 가족을 그린 성상화가 많이 발달하였다. 또한 화려한 모자이크는 비잔틴 시대가 황금기라고 할 수 있을 정도로 발전했다.

6. 로마네스크 미술

로마네스크 미술은 10~12세기 이탈리아 북부와 프랑스에서 발전한 미술 양식이다. 이 당시 유럽에는 그리스도교가 점차 퍼져 나가던 시기로, 교회도 로마의 신전과 비슷하게 건축되었다. 로만 아치를 사용하고 창문 없는 두꺼운 벽과 굵은 기둥을 특징으로 건축물을 지었다고 해서 로마네스크라고 불리게 된다. 또한 건물의 내외부는 성서 내용으로 장식되었으며, 교회 건물 대부분에 벽화가 그려지고 모자이크화가 발전했다. 벽화는 프레스코와 템페라 기법을 사용했다.

회화도 성서 속의 일러스트가 주를 이루게 된다. 당시 수도원의 수도사들은 성서를 필사했는데, 이 필사본에 일러스트가 함께 들어가게 되었으며 이 일러스트는 뚜렷한 색과 힘이 있는 선을 이용해 신앙심을 표현했다. 또한 당시에는 문맹자가 많았기 때문에, 성서 내용을 문맹자도 쉽게 이해하도록 하기 위해서 성당 내외벽에 부조나 벽화 등이 발달하게 되었다.

로마네스크 성당의 가장 큰 특징 중 하나는 '팀파눔'과 '트리모'에 조각을 넣어 장식했다는 것이다. '팀파눔(Tympanum)'은 정문 아치 위의 반원형 공간을 말하고, '트리모(Trumeau)'는 팀파눔을 받치고 있는 기둥을 말한다.

7. 고딕 미술

고딕 미술은 12세기 말 프랑스 북부에서 시작된 미술 양식이다. 이 당시 주로 외곽에 있던 교회들이 왕가와 귀족들의 지지에 힘입어 도시 안쪽으로 들어오게 되는데, 이때 나타난 건축 양식이 바로 고딕 양식이었다.

당시에는 성모 마리아를 중심으로 신앙이 퍼져나갔기 때문에, 신적인 것보다는 인간적인 형태의 미술품들이 많이 등장했다. 그래서 고딕 양식의 성당을 둘러보면, 내외부에 인간적인 느낌의 성인이나 추상적인 문양 등을 자주 볼 수 있다. 또한 스테인드글라스를 통해 신의 존재를 표현했는데, 신은 빛이기 때문에 빛으로써 신을 표현한 것이다. 따라서 성경 이야기로 장식된 스테인드글라스가 벽의 높은 곳에 위치해 있다.

성당 외부의 장식에서 사람의 모습은 몸이 길고 평면적인 형상으로 묘사되었다. 대표적으로 파리의 노트르담 대성당과 샤르트르 대성당을 살펴보면 몸길이가 긴 성인의 부조를 쉽게 확인할 수 있다. 또한 하늘을 찌를 듯이 높게 솟은 첨탑도 하나의 특징으로, 이것은 하늘에 더 가까이 다가가고 싶은 인간의 염원을 표현한 것이다.

8. 르네상스 미술

유럽 미술의 꽃은 역시 르네상스 미술이다. '르네상스'라는 말은 '다시 태어남'이라는 뜻을 가지고 있으며, 15~16세기 유럽 전역에서 일어난 문화 운동을 말한다. 이 시기의 미술은 인간 중심의 미술로 발전했으며, 이 시대부터 귀족들의 초상화나 일상적인 생활, 풍경화 등이 등장한다. 또한 해부학이나 원근법 등의 과학적 지식의 발달과 함께 미술에서도 기술적으로 더욱 앞서게 되었다. 가장 전성기인 16세기에는 레오나르도 다빈치, 미켈란젤로, 라파엘로 등의 거장이 탄생했다.

9. 바로크 미술

'바로크'라는 말은 포르투갈어로 '일그러진 진주'라는 뜻으로, 16~18세기에 유행했던 미술 양식을 말한다. 바로크 시대의 미술이 허세가 심하고 지나치게 과장되었다는 의미로 이름 붙여진 것이다.

바로크 시대는 르네상스 시대와는 달리 단정하기보다는 격렬한 명암 대비와 같은 극적인 표현이 도드라진다. 또한 평면적이지 않고 입체적인 것도 특징이다. 바로크 시대를 대표하는 거장인 렘브란트의 그림을 보면, 빛을 이용해 음영과 입체감 등을 잘 표현한 것을 알 수 있다.

바로크 미술은 이탈리아의 카라바조가 창시자라고 할 수 있지만, 스페인과 북유럽 등에 퍼져 루벤스, 렘브란트, 벨라스케스 등이 활발하게 활동했다. 베르메르의 걸작인 〈진주 귀걸이를 한 소녀〉 역시 바로크 미술의 대표작이라고 할 수 있다. 건축으로는 바티칸의 성 베드로 대성당, 베르사유의 거울의 방 등이 대표적이다.

10. 로코코 미술

로코코 미술은 파리에서 귀족층을 중심으로 성행했던 양식으로, 18세기의 바로크, 신고전주의, 낭만주의 등과 함께 발전했다. 로코코라는 말은, Rocaille라고 하는 조개 무늬 장식이나 자갈에서 온 말로, 장식이 많이 들어갔기 때문에 붙여진 이름이다. 특히 루이 15세의 정부였던 퐁파두르 후작 부인이 로코코 미술의 강력한 후원자였다. 그래서 루이 15세 시대가 로코코 양식의 전성기가 되었다. 대표적인 작가로는 프랑수아 부셰, 게인즈버러, 프란시스코 고야 등이 있으며, 건축물로는 베르사유 궁전 예배당 등이 있다.

11. 신고전주의 미술

신고전주의 미술은 18세기 중반~19세기에 걸쳐 발전했던 미술 양식이다. 신고전주의는 고대 그리스와 로마에 대한 관심으로부터 시작되었는데, 너무 관능적이고 향락적인 로코코 양식에 대한 반발로 도덕적이고 단정한 형태의 복고풍이 부활하게 된 것이다. 당시 프랑스 혁명의 발발로, 그림에는 조금 더 애국적이고 영웅적인 주제가 많이 등장한다. 또한 명확하고 입체적인 표현이 특징이며, 감성보다는 이성을 중시하는 경향이 있다.

12. 낭만주의 미술

낭만주의 미술은 19세기에 유행한 미술 경향이다. 19세기에는 산업혁명이 일어나고 급속도로 도시화되면서 사람들의 일상도 매우 빡빡해졌다. 그래서 이전의 이성적인 그림들과는 달리 감성적인 그림들이 발달하게 되었고, 강렬한 색채와 상상력의 자유가 캔버스에 표현되기 시작했다. 따라서 그림의 주제는 주로 신화나 극적인 사건, 공상적인 그림 등이 주를 이루게 되고, 변화하는 자연 현상에 대한 관심이 풍경화에도 영향을 미치게 되었다.

13. 사실주의 미술

19세기에는 낭만주의와 함께 사실주의 미술도 발전했다. 사실주의 미술은 주로 도시를 떠나 시골에서 살면서 자신이 보는 그대로의 자연의 변화 등을 묘사한 미술 양식이다. 특히 '바르비종파'라고 불리던 밀레 등의 화가는 농민 생활에 애정을 느끼고, 농민의 모습을 그림에 담았다. 이렇듯 자신의 주변에서 일어나는 사실들을 기록하듯 그리는 경향을 사실주의 미술이라고 한다.

14. 인상주의 & 신인상주의 미술

19세기 중반, 사진의 발명과 함께 미술사에도 변화가 생기기 시작했다. 이전까지만 해도 사진을 찍듯 똑같이 그리는 것이 중요했는데, 이제 그런 그림은 사진을 따라갈 수가 없었다. 더불어 당시에 휴대가 가능한 튜브 물감도 발명되면서, 19세기 후반부터는 야외에서 빛에 따라 변하는 색채를 그리는 화가들이 등장했고, 그들이 만든 양식이 인상주의 미술이다. 인상주의 미술은 있는 그대로의 모습이 아니라, 화가들이 느끼는 색과 함께 인물과 풍경을 그렸다. 그리고 그것이 점차 발전되어 색채학 등의 과학적인 이론을 도입하면서 '신인상주의 미술'이 탄생하게 된다.

15. 후기 인상주의 미술

19세기 후반, 인상파에 반대하는 화가들이 등장해, 후기 인상주의 미술을 만들었다. 이들은 인상파의 빛만 쫓아가는 그림이 아니라 자신만의 색깔을 덧붙여 인상주의 미술의 하이라이트를 완성해 갔다. 특히 세잔은 본질적인 형태를 추구했고, 고갱은 순수한 감성을 추구했으며, 고흐는 진실한 감성을 추구하게 된다.

16. 야수주의 미술

20세기 초, 인상주의를 대표하는 고흐와 고갱의 그림을 보고 영감을 받은 마티스 등의 화가들이 발전시킨 미술 양식이다. '야수주의'라는 명칭은 당시 미술 평론가인 루이 보셀이 마르케의 청동 조각을 보고 '야수가 우리에 갇혀 있는 듯하다'라고 표현한 말에서 생겨났다. 야수파 화가들은 밝고 강렬한 색채를 사용해, 자신의 감정을 거칠게 표현했다. '야수주의'라는 말 그대로 야성이 넘치는 표현이었다. 그래서 초반에는 많은 평론가들에게 물감을 가지고 장난을 친 것 같다는 비평을 받기도 했다. 야수주의 미술은 미술사에서 아주 잠깐(1905~1908년) 나타났다 사라졌다. 야수주의 미술의 대표적인 화가로 마티스, 드랭, 블라맹크 등이 있다.

17. 입체주의 미술

20세기 초, 1907년부터 1914년까지 야수주의 시기를 전후로 해서 발전한 것이 입체주의다. 입체주의 미술이라는 말의 '큐비즘'이라는 명칭은, 마티스가 브라크의 작품을 평하면서 '입체의 덩어리'라고 표현했던 것에서 시작된 말이다. 입체파는 브라크와 피카소에 의해 시작되었는데, 2차원적인 그림의 성격을 그대로 유지하면서, 여러 각도의 모습을 묘사해서 하나의 캔버스에 재구성한 것이다. 입체주의 미술을 통해 현대 미술에서 다양한 미술의 유파들이 생겨나는 계기가 되었다.

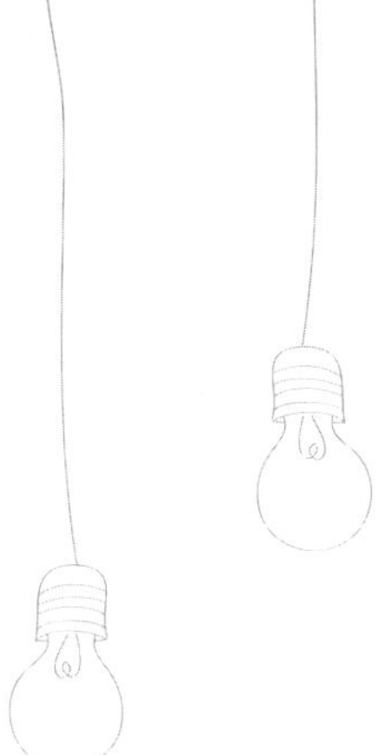

유럽 문화 예술 산책 1

프라도 미술관 여행

초판 1쇄 발행 2014년 11월 20일

지은이 김지선 | 편집, 디자인 양정희
발행인 양정희 | 발행처 낭만판다

출판신고 2011년 10월 25일 | 등록번호 제396-2011-000310호
주소 경기도 고양시 일산동구 백석로 71번길 14-13, 4층
전화 070-8848-2608 | 팩스 0303-0942-2608
이메일 nangmanpanda@naver.com
홈페이지 www.nangmanpanda.com

ISBN 979-11-950601-5-3 14980
      979-11-950601-4-6 14980(세트)

이 도서의 국립중앙도서관 출판시도서목록(CIP)은 서지정보유통지원시스템 홈페이지(http://seoji.go.kr)와
국가자료공동목록시스템(http://www.nl.go.kr/kolisnet)에서 이용하실 수 있습니다.
(CIP제어번호: CIP2014031719)